高效种植关键技术图说系列

图说草莓棚室
高效栽培关键技术

编著者
张志宏　杜国栋　张馨宇

金盾出版社

内 容 提 要

本书由沈阳农业大学园艺学院张志宏教授等编著。内容包括棚室草莓品种选择,草莓棚室栽培方式,草莓的生物学特征与繁殖育苗,提早草莓花芽分化的技术,棚室草莓栽培技术,草莓的采收、包装和运输,草莓病虫害防治原则和方法,棚室草莓病虫害防治等方面。全书内容系统,技术先进实用,图文配合,通俗易懂。适合广大农民、草莓种植专业户、基层农业技术推广人员学习使用,也可供农林院校师生阅读参考。

图书在版编目(CIP)数据

图说草莓棚室高效栽培关键技术/张志宏等编著 .— 北京 :金盾出版社,2006.3(2016.3 重印)
(高效种植关键技术图说系列)
ISBN 978-7-5082-3956-9

Ⅰ.①图… Ⅱ.①张… Ⅲ.①草莓—温室栽培—图解 Ⅳ.①S628.5-64

中国版本图书馆 CIP 数据核字(2006)第 009944 号

金盾出版社出版、总发行
北京太平路 5 号(地铁万寿路站往南)
邮政编码:100036 电话:68214039 83219215
传真:68276683 网址:www.jdcbs.cn
彩色印刷:北京精美彩印有限公司
黑白印刷:北京盛世双龙印刷有限公司
装订:北京盛世双龙印刷有限公司
各地新华书店经销

开本:787×1092 1/32 印张:4.25 彩页:28 字数:86 千字
2016 年 3 月第 1 版第 10 次印刷
印数:60 001～63 000 册 定价:9.00 元

前　言

草莓是经济价值较高的小浆果，其果实柔软多汁、甜酸适口、芳香浓郁、营养丰富，深受人们的喜爱。草莓果实不仅适于鲜食，而且可以用于加工，特别是可加工成果酱、果汁等多种产品。

草莓是多年生草本植物，其生态类型比较多，不同品种对气候和土壤等环境条件的适应性有很大差异，从酷热的南部非洲到严寒的北美洲北部，都可以种植。草莓植株矮小，繁殖容易，管理较方便，一般栽植后几个月便可以收获。棚室栽培通常每公顷的产量在 20 吨以上，最高可达 100 吨。近几十年来，育种工作者培育出了在不同环境条件下丰产的品种，再加上棚室栽培的兴起，草莓成为投资少、见效快、效益高的经济作物，草莓生产在世界范围内得到广泛普及和发展。

20 世纪 90 年代以来，我国草莓产业发展迅速，栽培面积由最初的不足 1 万公顷增长到目前的 7 万多公顷，栽培方式由原来的露地栽培为主发展成为以棚室栽培为主，棚室草莓栽培比例已占到整个草莓生产的 90%左右。由于促成栽培、半促成栽培、早熟栽培技术的广泛应用，从 12 月份至翌年 6 月份我国市场上一直有大量的草莓鲜果供应。虽然目前我国草莓栽培面积和产量均居世界第一，但是总体生产水平并不高，与日本、美国、西班牙等草莓生产先进国家相比，我国草莓产业主要存在以下问题：①草莓生产和流通缺乏有效的行业组织和管理。②育苗体制陈旧，病毒危害仍比较严重。③追求高产，绝大部分草莓果实未达到品种应有的品质。④一些草莓果实卫生指标不合格，农药残留超标现象仍比较普遍。⑤包装运输方式比较落后，市场上缺乏高档草莓果实。

草莓属于需要精心管理的作物，对种植者技术水平的要求较高。而我国的草莓种植者中有很大一部分是新种植户，缺乏草莓栽培管理经验。应金盾出版社之约，我们接受了编著本书的任务，以图说的方式介绍草莓棚室栽培技术，图文并茂，通俗易懂。在本书的编写中，我们始终掌握以下 5 个原则：①生产实用性。针对我国草莓生产实际情况，主要介绍草莓生产中的关键技术，理论涉及较少，技术来源于实践，实用性强。②技术先进性。根据草莓生产发展方向，介绍了一些国外先进的草莓生产技术，如高设栽培技术。③知识系统性。全书涵盖草莓生产的各个主要技术环节，为了更好理解各项技术的目的作用，书中还简单介绍了草莓的生物学特性。④内容兼顾性。我国棚室草莓生产形式多样，南北地区在栽培管理上存在较大差异，针对这一问题，本书分别介绍北方地区和南方地区的草莓生产管理过程和方法。⑤图片清晰性。书中的大部分照片由编者亲自利用电脑绘制或数码照相机拍摄，后期进行了大量的电脑编辑加工，图片清晰，反映出技术要点、操作方法和应注意的问题。

为了编好本书，我们认真总结了近年的草莓生产实践经验和科研成果，参阅了大量国内外文献资料，同时多次到生产一线拍摄相关照片。但是由于笔者水平有限，书中讹误和不妥之处在所难免，殷切希望广大读者批评指正。

编著者

2006 年 1 月于沈阳农业大学

目　录

第一章　棚室草莓品种选择

一、适合促成栽培的草莓品种

草莓促成栽培要求选择休眠浅、果实整齐的品种。目前生产上适合促成栽培的草莓品种主要分为2类，一类是日本品种，其特点是休眠浅、早熟、香甜、品质好，但是果实较软，较不耐贮运，因此，一般在大城市郊区或经济发达地区种植；另一类是欧美品种，其特点是休眠较浅，一般比日本品种略晚熟，品质略差，但产量高，果实硬度大，耐贮运，因此一般在较偏远地区种植。

丰　香

日本农林水产省蔬菜茶业试验场久留米支场于1983年育成，亲本为绯美×春香。植株生长势强，株态较开展，叶大，圆形叶片较厚。果实圆锥形，果面种子微凹，大果型品种，商品果平均单果重16克。果面鲜红色，有光泽，外观好，果肉白色，肉质细软致密，风味甜多酸少，香味浓，品质好，果实硬度中等。早熟品种，非常

丰 香

适合鲜食而不宜作加工。休眠浅，打破休眠需5℃以下低温50～100小时，适合促成栽培，一般产量可达2 500千克/667米²。该品种抗白粉病弱，抗黄萎病中等，是日本和我国目前促成栽培的主栽品种。

幸　香

日本农林水产省蔬菜茶业试验场久留米支场育成，亲本为丰香×爱美，1996年申请品种登记。植株长势中等，株态直立，易于栽培管理。果实圆锥形，果面红色至深红色，光泽好，果形、果色明显优于丰香。部分果实的果面具棱沟。果肉淡红色，肉质致密，香甜适口，维生素C含量高，约88毫克/100克果肉，品质极佳。果实硬，比丰香硬度高约20%。单株花序数多，连续结果能力强。早熟品种，休眠浅，成熟期略晚于丰香，适宜促成栽培，一般产量可达2 500千克/667米²。植株较易感白粉病和叶斑病。

幸　香

枥　乙　女

日本枥木县农业试验场育成，亲本为久留米49号×枥之峰，1996年申请品种登记。植株生长势强旺，叶色深绿，叶大而厚。大果型品种，商品果平均单果重15克以上。果实圆锥形，果个整齐，果面鲜红色，具光泽，果面平整，外观极其漂亮。果肉淡红色，果心红色，肉质致密。果实汁液多，酸甜适口，品质极佳。果实较硬，耐贮运性较强。早熟品种，休眠浅，适宜促成栽培，一般产量可达2500千克/667米^2。抗病性中等，抗白粉病能力明显优于丰香和幸香。

枥乙女

章 姬

日本民间育种家荻原章弘育成，亲本为久能早生×女峰，1990年申请品种登记。植株生长势强旺，植株高，叶片大但较薄，叶片数较少。果实长圆锥形，较大，整齐，畸形果少，外观美。果面红色，略有光泽，果肉淡红色，果心白色。果实含糖量高，含酸量低，口感香甜，品质好。果实较软，不耐运输。花序长，每花序上果较少，第一级

章姬

序果大，但后级序果较小，与第一级序果相差较大。早熟品种，休眠期很短，适于促成栽培，一般产量可达2500千克/667米^2。抗病性中等，较易感白粉病。

红脸颊

日本静冈县农业试验场育成，亲本为章姬×幸香，1999年命名。植株生长势强，株态直立，植株较高。叶片大，深绿色。果大，长圆锥形，果面鲜红色，有光泽，果肉红色，甜酸适口，香味浓郁，品质极优。果实硬度较大，比较耐贮运。休眠浅，早熟，产量高，适合促成栽培。匍匐茎繁殖能力强。抗病性中等。

红脸颊

图得拉

又名米赛尔，西班牙品种。植株健壮，生长势强。叶片大，椭圆形，叶色浓绿。果实长圆锥形，果面深红色，外观漂亮。果大，一级果平均单果重约30克，果实硬，耐贮运，日光温室生产的果实品质稍差。花序抽生能力较强，连续结果能力强，丰产性强，日光温室促成栽培产量一般可达4000

千克/667 米 ^{2}。休眠浅，早熟。匍匐茎抽生能力强。适应性强，抗病性强，易于栽培管理。适合日光温室促成栽培，亦可进行露地栽培。

图得拉

卡麦罗莎

美国加州大学培育的草莓品种。植株生长势很强。果大，果实圆锥形或扁圆形，果面红色，有光泽，外观漂亮。果实硬度大，极耐贮运。早熟，丰产。适应性强，抗病力中等，较抗白粉病。

卡麦罗莎

甜查理

美国品种，以FL80−456 × Pajaro育成。植株长势强，叶片大，近圆形，绿色至深绿色。匍匐茎较多。果实较大，平均单果重 17 克。果实形状规整，圆锥形。种子较稀，黄绿色，平于果面或微凹入果面。果面鲜红色，颜色均匀，富有光泽。果面平整。果肉橙红色，酸甜适口，甜度较大，品质优。果较硬，较耐运输。丰产性中等。

甜 查 理

此外，适合促成栽培的品种还有西班牙品种弗杰尼亚等。

二、适合半促成栽培的草莓品种

草莓半促成栽培应选择低温需求量中等（需冷量在400～800小时），果大、丰产、耐贮性强的草莓品种。

全 明 星

美国农业部马里兰州农业试验站杂交育成，亲本为

全 明 星

US4419 × MDU3184。植株生长势强，株态较直立。叶片较大，叶色深绿，叶面平展。果实圆锥形，果面鲜红色，有光泽，果个大，整齐美观，肉质细腻，风味酸甜。果面和果肉的硬度都很大，耐贮运性极强。鲜食和加工兼用品种。休眠较深，中晚熟，丰产性强。匍匐茎抽生能力中等。适应性强，耐高温、高湿。较抗黄萎病、红中柱根腐病、白粉病和灰霉病。适合半促成栽培和露地栽培。

宝交早生

日本兵库县农业试验场育成，1960年登记命名。植株中等健壮，株态较开张。叶片椭圆形，叶色深绿。果实中等大小，商品果平均单果重10克左右。果实圆锥形，果面鲜红色，有光泽，果肉细软，果汁多，品质优良。果实较软，不耐贮运。休眠较浅，属于中早熟品种，适合半促成栽培。适应性强，比较耐高温，抗病性强，对白粉病有明显抗性。

此外，适合半促成栽培的草莓品种还有新明星、法国品种达赛莱克特等。

宝交早生

三、适合我国北方地区草莓早熟栽培的品种

北 辉

日本农林水产省蔬菜茶业试验场盛岗支场育成，1996年申请品种登记。植株生长势较强，株态直立。叶片较大，叶色深绿。果实短圆锥形，果个大且整齐，果面浓红色，光亮，外观漂亮。肉质致密，含糖量高，含酸量低，风味甜酸适口，品质优良。果实硬度大，耐贮运性较强。晚熟品种，休眠深，5℃以下1 000～1 250小时通过休眠。适于露地栽培或早熟栽培。匍匐茎繁殖能力中等。适应性强，抗病性中等，较抗白粉病。

此外，适合我国北方地区草莓早熟栽培的品种还有全明星、新明星及从西班牙引进的卡尔特1号、荷兰品种爱尔桑塔等。

北 辉

第二章　草莓棚室栽培方式

一、草莓棚室栽培的主要方式

近年来随着先进栽培技术的应用和草莓优良品种不断推陈出新，逐渐形成了多种多样的草莓栽培方式。根据草莓植株定植后的保温方式，棚室草莓栽培可分为促成栽培、半促成栽培、早熟栽培。根据对温室空间的利用，可分为平面栽培、立体栽培。此外，日本近几年来兴起了便于劳作的高设栽培。

（一）促成栽培、半促成栽培与早熟栽培

1. 促成栽培

即选用休眠较浅的品种，通过各种育苗方法促进花芽提早分化，定植后直接保温，防止植株进入休眠，促进植株生长发育和开花结果，使草莓鲜果提早上市的栽培方式。这种栽培方式的关键在于选用休眠浅的草莓品种，采取促进花芽提早分化的育苗方法和设施保温措施。

目前促成栽培品种以休眠浅的日本草莓品种为主，这些品种一般只需几十个小时的低温就能打破休眠，可达到早开花结果、提早上市的目的。我国北方地区冬季寒冷时间长、降雪多，可利用带有承重后墙保温好的日光温室来生产草莓，覆盖材料采用聚氯乙烯塑料棚膜，上盖纸被和草帘，在寒冷的1月份通过适当加温来防止草莓植株遭受冷害；在南方地区则采用塑料大棚内加拱棚的双重保温的方式。草莓促成栽培的

果实开始采收时期与地区和选择的品种有关，南方地区一般在12月上中旬，其作业历见图2-1，北方地区一般在元旦前后。草莓促成栽培的果实采收期很长，在管理水平较高的条件下，可达半年(12月份至翌年5～6月份)。

近几年，日本开始推广应用假植苗低温处理技术，即在7、8月份将假植苗放入冷库，或者晚间进行低温处理，从而实现11月份草莓鲜果上市，这种栽培方式称作"超促成栽培"。

2. 半促成栽培

选用休眠中等的品种(休眠时间在几百个小时)，定植后自然或人为给予一定量的低温，满足草莓植株对低温量的需求，在自然休眠通过之前开始保温，使其提前打破休眠，提早生长发育和开花结果，其作业历见图2-2。半促成栽培的果实采收期较促成栽培推迟，但比其他栽培方式要早，一般在3月份鲜果开始上市。半促成栽培主要有北方地区的日光温室半促成栽培和南方地区的塑料大棚半促成栽培。对于草莓半促成栽培来说，植株定植后要经过低温锻炼再覆盖棚膜升温，促其生长发育和开花结果。

3. 早熟栽培

利用拱棚进行栽培，在草莓植株满足低温量但外界环境条件还不具备使其正常生长发育的情况下，采取覆膜升温，使草莓植株提前开花结果的栽培方式，其作业历见图2-3。早熟栽培的采收期可以比露地栽培提前20～30天，在沈阳地区4月末至5月初可以采收上市。

(二)平面栽培与立体栽培

1. 平面栽培

指利用地表平面进行草莓生产的一种栽培方式(图2-

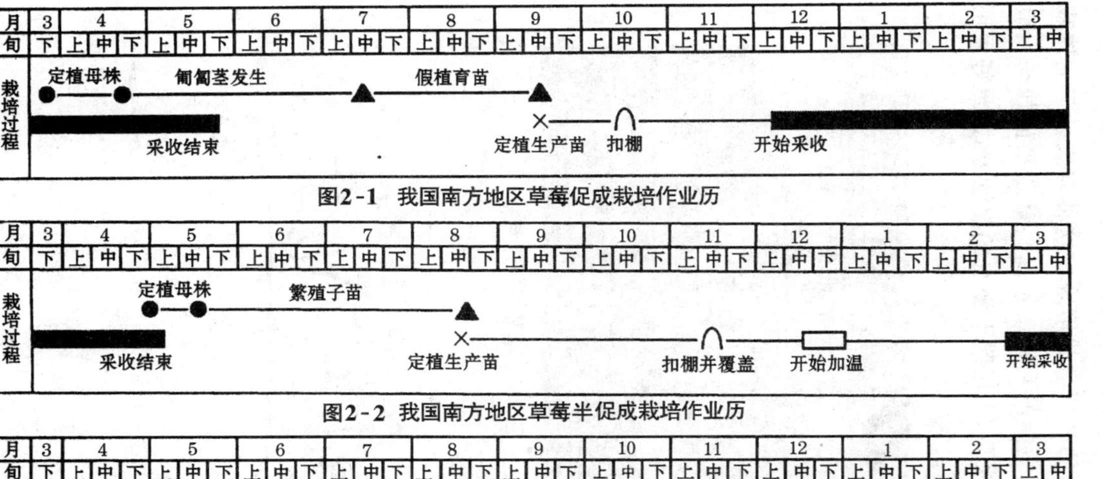

图2-1 我国南方地区草莓促成栽培作业历

图2-2 我国南方地区草莓半促成栽培作业历

图2-3 我国南方地区草莓拱棚早熟栽培作业历

4)，目前我国绝大部分草莓栽培采取这种方式。与立体栽培相比，平面栽培对空间的利用率不高。草莓平面栽培一般以普通园土为养分来源，采用膜下灌水的灌溉方式，最好采用滴灌的方式(图 2-5)。

图 2-4　草莓平面栽培

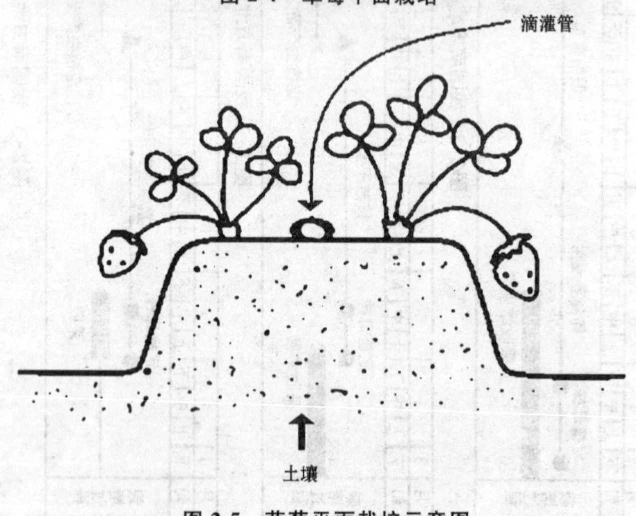

图 2-5　草莓平面栽培示意图

2. 立体栽培

指充分利用温室的地表、后墙空间，达到高产的一种栽培模式。采用立体方式栽培草莓可以充分利用温室的空间，增加草莓定植数量，提高单位面积的产出，获得高产。草莓立体栽培的方式有多种，常见的有：利用温室后墙的立体栽培（图 2-6），利用整个温室空间的槽式立体栽培（图 2-7），利用日光

图 2-6　利用日光温室后墙的草莓立体栽培

图 2-7　利用整个日光温室空间的草莓槽式立体栽培

温室空间的柱式立体栽培(图 2-8),以及空中吊挂花盆的立体栽培等。

图 2-8 利用日光温室空间的草莓柱式立体栽培

(三)高设栽培

草莓高设栽培指利用一定的设备将草莓栽培在距地表一

定距离的栽植槽中的一种模式。草莓定植在装有基质的槽中，通过滴灌管供应营养液，通过热水管或暖风进行加温（图2-9）。日本在20世纪90年代后期开始兴起草莓高设栽培方式，目前已经有一些推广应用（图2-10）。

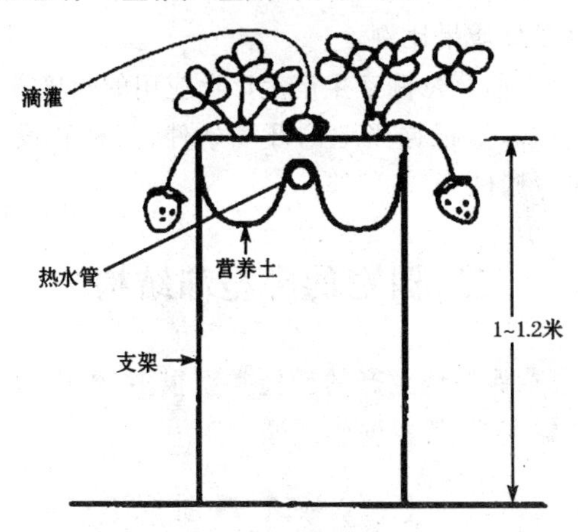

图 2-9　草莓高设栽培示意图

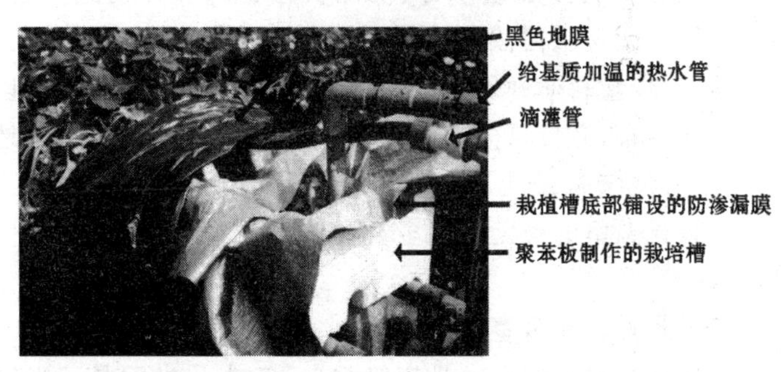

图 2-10　日本草莓高设栽培实例

采用高设栽培有很多优点：①可以减少劳动强度。高设栽培模式下的草莓植株距离地表大约1米（图2-9），可以减少弯腰工作的强度，节省日常管理的时间。②减少果实病虫害的发生。草莓果实悬在半空中，减少了与灌溉水的接触，很大程度上减少了因湿度过大造成的病害。③优质果率高。采用高设栽培草莓，花序授粉充分，果实发育正常，果形端正，颜色鲜艳，提高了优质果比例。

以上是目前草莓棚室生产上广泛应用的栽培方式。采用何种栽培方式，要根据当地的环境条件、品种和设施情况而定，切不可生搬硬套。

二、棚室的类型和结构

用于草莓保护地生产的设施类型很多，国内常见的有日光温室、塑料大棚、塑料薄膜拱棚。

（一）日光温室

日光温室是保温效果好、功能较完备的一种设施类型。温室南屋面用塑料薄膜作为透明保温覆盖材料，北面建成保温墙体，支撑塑料薄膜的骨架用竹木、钢筋材料制成。温室以东西走向为宜，方位是南偏西 5°～10°，但在矿区、早晨雾多地区，温室方位应东偏北 5°，这样可充分利用光照。在我国北方地区日光温室的类型有很多，下面介绍几种典型的结构，仅供参考。

1. 半拱形日光温室

这种日光温室的走向是南偏西 5°～10°，采光面是一半拱形的前屋面。整个日光温室跨度 6～7.5 米，脊高 2.8～3.2 米，后墙高 1.8～2 米，后坡长 1.5～1.7 米，仰角 30°左右，水平投影长度 1.3 米左右，后墙厚达 0.5～1 米。半拱形温室的后墙墙体多用土垛成，有的地区在后墙外侧堆土，基部厚度可达1.5～2米。后坡结构是在柁上横放置4根檩木，上面铺上1层木板或紧密地铺上1层玉米秸和其他秸秆，上面抹草泥，厚度达5厘米。在草泥上面覆1层塑料薄膜，其上加稻草、稻壳、玉米皮、杂草等保温材料，后坡靠近后墙处厚度达70厘米左右，近温室最高处厚度达20厘米，可使整个后屋面的坡度变缓，便于揭放草帘。前屋面骨架多用竹片做材料，也可用细竹竿经火烤成半拱形制成。每两个骨架间距为0.7米(图2-11)。拱形骨架上部固定于后坡的檩上，骨架的下部埋入土中，中柱到前屋角间设腰柱和前柱，上面各架起顺温室方向的拉杆，拉杆上设短的吊柱，以调整高低，保证温室拱形骨架处于同一水平上。这样的前屋面骨架结构具有抗雪压、牢固耐用等优点。

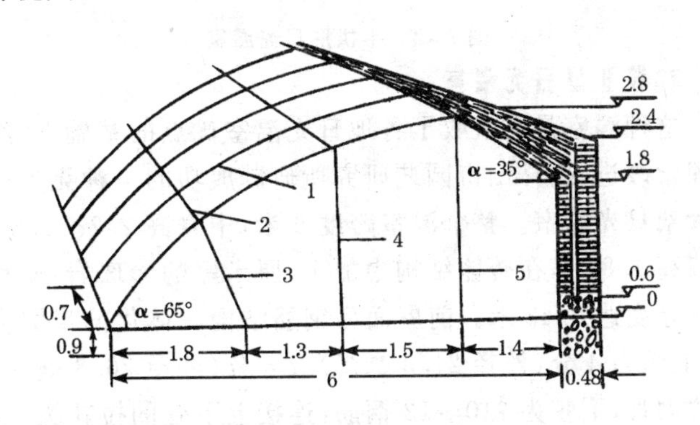

图2-11　半拱形日光温室示意图　(单位:米)

1. 竹片　2. 拉杆　3. 前柱　4. 腰柱　5. 中柱

半拱形日光温室(图2-12)比以前使用的日光温室在结构上有了很大改进，增加了前屋面长度，相应减少后坡的长度，使整个温室的采光面加大，大大地提高了透光率，使白天温室内温度增高容易，蓄热量多。后坡及后墙墙体的构造可减少夜间温室内热量的散失，保温效果好。

图 2-12 半拱形日光温室

2. 鞍Ⅱ型日光温室

这种温室是在吸收了各地日光温室优点的基础上，经多年探索改进，由鞍山市园艺研究所研制成功的一种无支柱钢筋骨架日光温室。整个温室跨度 6 米，中脊高 2.7～2.8 米，后墙高 1.8 米，在砖体结构中加 12 厘米厚的珍珠岩，使整个墙体厚度达 0.48 米。前屋面为钢筋结构一体化的半圆形骨架，上弦为 4 分(外径 21.3 毫米)或 6 分(外径 26.8 毫米)直径的钢管，下弦为 φ10～12 钢筋，连接上下弦的拉花为 φ8 钢筋。温室的后屋面长 1.8 米左右，仰角 35.5°，水平投影宽度 1.4 米，从下弦面起向上铺 1 层木板，向其上填充稻壳、玉米皮、作物秸秆，抹草泥，再铺草，形成泥土与作物秸秆复合后坡，厚度不小于 60 厘米。这种温室前屋面为双弧面构成的半拱形，下、中、上三段与地面的水平夹角分别为 39°、25°以及

17.5°,抗雪压等负荷设计能力为 300 千克/米²(图 2-13)。目前,这种温室已在北方很多地区推广。

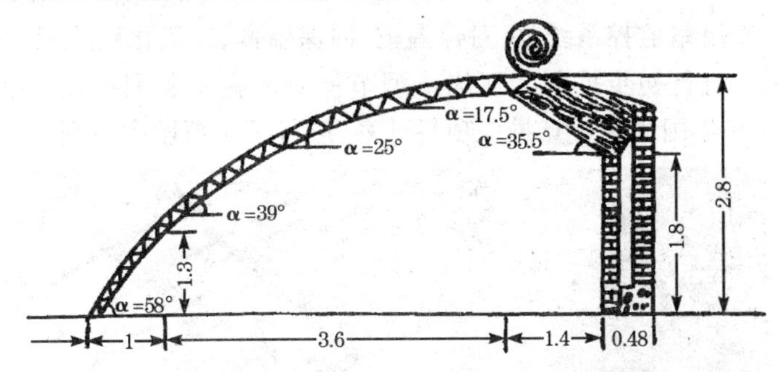

图 2-13 鞍Ⅱ型塑料薄膜日光温室示意图 (单位:米)

3. 辽沈Ⅰ型日光温室

由沈阳农业大学等单位承担开发的辽沈Ⅰ型日光温室(图 2-14,图 2-15)采光屋面形状优良,进光量较第一代节能型日光温室增加 7%。在北纬 42°地区基本不加温可进行果菜越冬生产。优化设计的钢平面桁架能承受 30 年一遇的风雪荷载,用钢量比同类产品低 20%,耐久年限可达 20 年,新

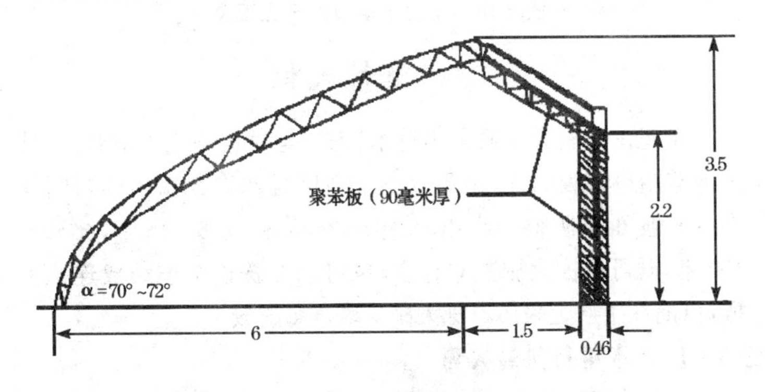

图 2-14 辽沈Ⅰ型日光温室示意图 (单位:米)

材料利用率达30%。研制出的卷帘机、保温被等日光温室配套设施，显著提高了环境调控能力，减轻了劳动强度。研制的日光温室监控系统，可对保温被、内保温幕、二氧化碳施肥、放风等进行初步控制。辽沈Ⅰ型节能日光温室被科技部列为1999年国家级重点推广项目计划，取得了4项国家专利。

图2-15 辽沈Ⅰ型节能日光温室

(二)塑料大棚

常见的塑料大棚通常用竹木、钢材等材料制成拱形骨架，其上覆盖塑料薄膜而成，是具有一定高度且四周无墙体的封闭体系。一般可占地300米^{2}以上，棚高2～3米，宽8～15米，长50～100米，既可单栋大棚独立存在，也可以2栋以上连结成连栋大棚，目前在生产上采用单栋大棚栽培草莓的较多。

1. 竹木结构塑料大棚

大棚跨度8～12米，长50米以上，中心点高2～2.5米，大棚顶部呈弧形。拉杆用5～8厘米粗的木杆或竹竿制成，立柱为粗竹竿、木杆或水泥柱，每排4～6根，东西距离2米，南北距离2～3米。木质立柱基部表面碳化后埋入土中30～40厘米，下垫大石块做基石，拉杆用铁丝固定在立柱顶端下方20厘米处，小支柱用木棒制成，长约20厘米，顶端做成凹形，用于放置拱杆，下端钻孔固定在立柱上。拱杆用3～4厘米粗的竹竿制成，两侧下端埋入地下30厘米左右，盖上棚膜后，在两拱杆之间用压杆或压膜线压好；压杆安好后，大棚的棚顶呈波浪形（图2-16）。

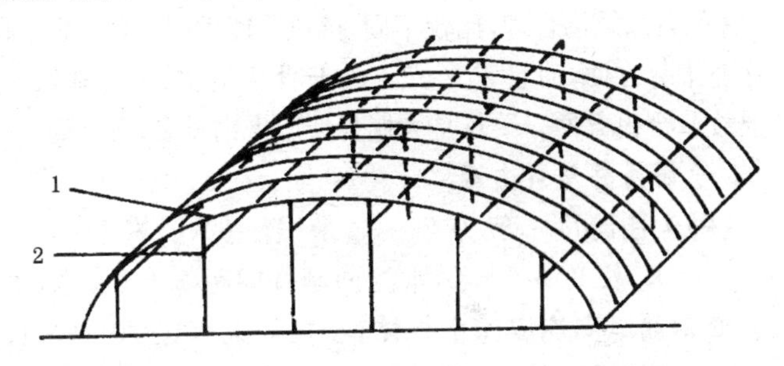

图2-16　竹木结构塑料大棚示意图

1. 拱杆　2. 立柱

这种塑料大棚投资相对少，成本较低，且取材十分方便。缺点是大棚内立柱较多影响光照，作业起来不太方便，结构不牢固，抗风雪能力差，使用年限短。

2. 钢筋骨架无支柱塑料大棚

大棚跨度8～12米，脊高2.4～2.7米，每隔1～1.2米设一拱形钢筋骨架，骨架上弦采用ϕ16钢筋，下弦用ϕ14钢筋，中间拉花用ϕ12或ϕ10钢筋（图2-17）。骨架2个底脚焊接1块带孔底板，以便与基础上的预埋螺栓相接，也可用拱架底脚的上下弦与基础上的预埋钢筋相互焊接在一起。各拱架立好后，在下弦上每隔 2 米用 1 根纵向拉杆相连。为防止骨架扭曲变形，可在拉杆与骨架相连处，从上弦向下弦的拉杆上焊 1 根小的斜支柱。

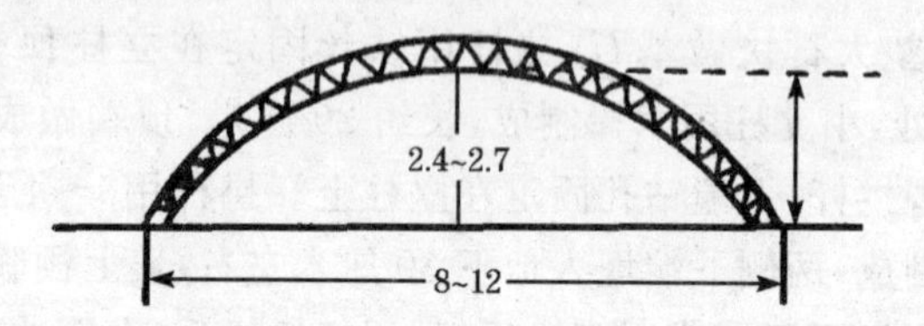

图 2-17 钢筋骨架无支柱塑料大棚示意图 （单位：米）

这种大棚结构合理，比较牢固，抗风雪能力强，因大棚内无支柱，作业十分方便，而且采光好。由于骨架结实，人可在其上行走，揭放草帘很方便。缺点是大棚骨架所需钢材多，造价高。

3. 拉筋吊柱塑料大棚

这种大棚跨度一般为 8～12 米，脊高 2.2 米左右，肩高 1.5～1.8 米，长 30～60 米，水泥预制件间距 2.5～3 米，水泥柱用 ϕ6 钢筋纵向连成一个整体，在拉筋上固定 20 厘米长的吊柱支撑拱杆，拱杆用 3 厘米左右粗细的竹竿制成，骨架间距为 80 厘米（图 2-18）。大棚的两端用带有脚石的铁丝固定住，

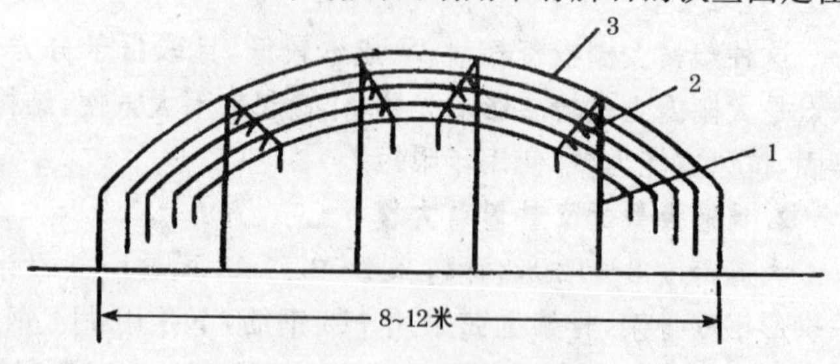

图 2-18 拉筋吊柱塑料大棚示意图

1. 水泥柱 2. 吊柱 3. 拱杆

以保证大棚的稳定牢固。

该种大棚建造简单，支柱较少，大大减少了遮光，而且作业相对方便。缺点是抗风雪能力不太强，容易变形。

（三）塑料薄膜拱棚

塑料薄膜拱棚是目前应用最广泛的栽培设施之一。塑料薄膜拱棚作为设施栽培的一种形式，具有用材多样、来源广泛、结构简单、建造灵活、可大可小、投资少、建造快、管理用工少及操作方便等诸多特点。栽培草莓的塑料薄膜拱棚有大、中、小三种规格。下面做一介绍：

1. 小拱棚

小拱棚高 50 厘米，宽 80～100 厘米不等，南北走向。棚骨架主要以竹木为材料，竹骨架长 2 米，呈弓形，两端插入地下各 10～15 厘米，骨架间距为 1 米。棚膜覆盖后由竹片将棚膜固定，底角用土固定（图 2-19，图 2-20）。

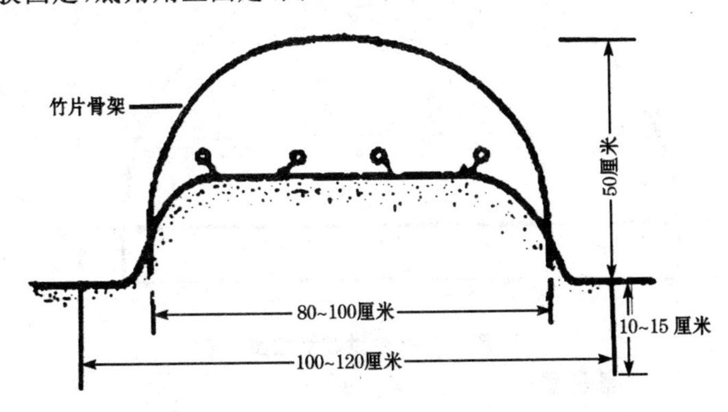

图 2-19　草莓小拱棚栽培示意图

图 2-20　草莓小拱棚栽培

2. 中 拱 棚

棚高 1 米,宽 2 米左右。骨架用竹片经火烤成弧形,两端埋入土中 20 厘米,骨架弧顶内侧用 3 厘米粗竹竿作为拉杆固定骨架(图 2-21)。

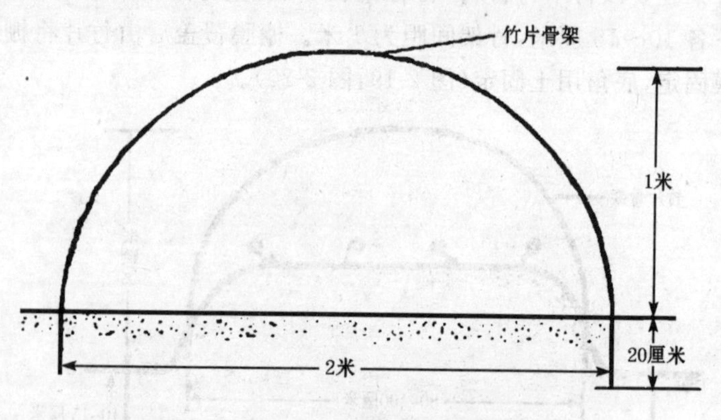

图 2-21　中拱棚示意图

3. 大型拱棚

大型拱棚高 1.8～2 米,宽 5～6 米,南北走向。骨架以竹片为主,棚内设有小支柱,材质为木杆、粗竹竿或水泥柱(图 2-22)。大棚内基本上人可以直立行走。棚膜覆盖后,在两个骨架间加压膜线，可以有效防止大风。大型拱棚栽培草莓在沈阳地区非常普遍(图 2-23)。

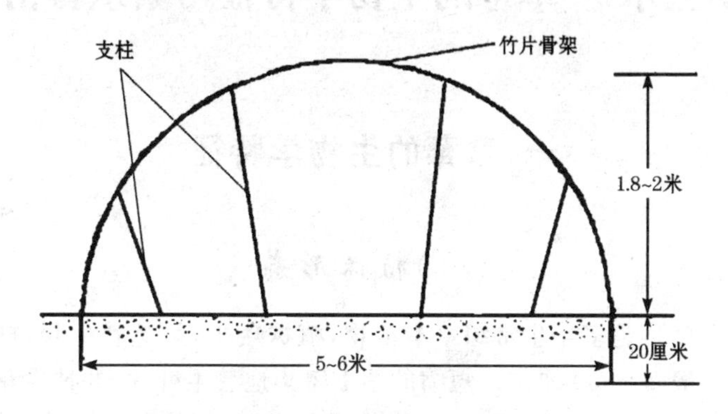

图 2-22　大型拱棚示意图

图 2-23　沈阳地区的草莓大型拱棚早熟栽培

第三章　草莓的生物学特征与繁殖育苗

一、草莓的生物学特征

（一）植株形态

草莓是多年生常绿草本植物，植株矮小，呈丛状生长，株高一般 20～30 厘米。短缩的茎上密集地着生叶片，并抽生花序和匍匐茎，下部生根。草莓的器官有根、短缩茎、叶、花、果实、种子和匍匐茎等（图 3-1）。

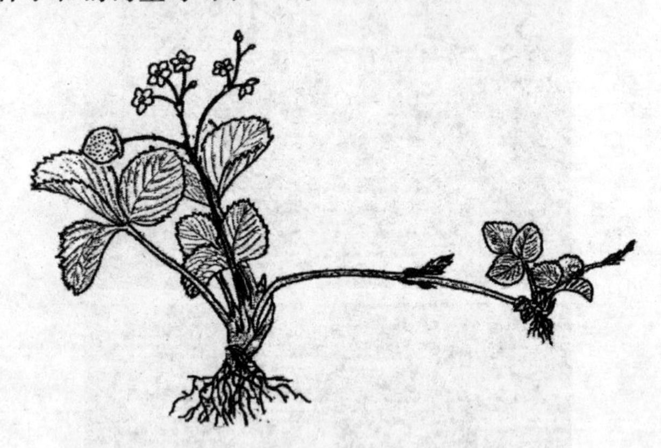

图 3-1　草莓植株形态示意图

（二）茎

草莓的茎分为新茎、根状茎和匍匐茎 3 种。草莓当年和

1年生的茎称新茎(图3-2),上着生具有长柄的叶片,基部发出不定根。第二年新茎上的叶片枯死脱落后,成为外形似根的根状茎。匍匐茎是草莓的一种特殊地上茎,由新茎的腋芽萌发而形成,是草莓的地上营养繁殖器官。匍匐茎细,节间长,当生长到一定长度后,在第二节的部位向上发生正常叶,向下形成不定根,最后形成一株匍匐茎苗,也称作子苗或子株(图3-1)。随后,在第四、第六等偶数节处继续形成匍匐茎苗。在营养正常的情况下,1根先期抽出的匍匐茎能向前延伸形成3～5株匍匐茎苗。子苗的腋芽还能继续抽生匍匐茎。

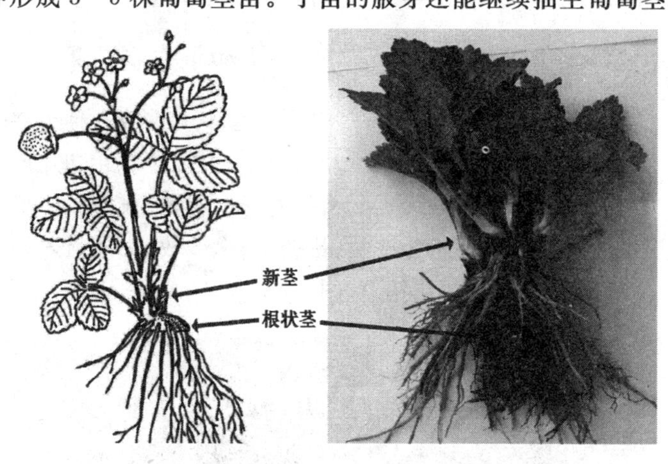

图3-2 草莓的新茎及根状茎

(三)叶

草莓的叶为三出复叶(图3-3)。叶柄长度为10～20厘米,基部有2片合为鞘状的托叶,包在新茎上,称为托叶鞘。叶柄顶端着生3片小叶,两边小叶相对称,中间叶形状规则,呈圆形至长椭圆形,颜色由黄色至深绿色,叶缘锯齿状缺刻。

图 3-3　草莓叶片

叶面有少量茸毛，质地平滑或粗糙，叶片背面茸毛较多。在正常生长条件下，新茎上发生叶片的间隔时间为 8～12 天，每株草莓一年中可发生 20～30 片复叶。秋季长出的叶片，在适宜环境与保护下，能保持绿叶越冬，翌年春季生长一个阶段以后才枯死。

(四)花和果

草莓绝大多数品种为完全花，自花结实。花由花柄、花托、花萼、花瓣、雄蕊、雌蕊组成。花瓣为白色，通常为 5 枚，雄蕊 20～35 枚，大量雌蕊以离生方式着生在凸起的花托上(图 3-4)。

图 3-4　草莓的花

草莓花序多数为二歧聚伞花序(图 3-5 左上)或多歧聚伞

花序(图 3-5 左下),少数为单花序,一个花序上一般着生 15～20 朵花。第一级花序的中心花最先开放,其次是中心花的 2 个苞片间形成的 2 朵二级花序开放,依此类推(图 3-5 右)。第一级花最大,然后依次变小。由于花序上花的级次不同,开花先后不同,因而同一花序上果实大小与成熟期也不相同。在高级次花序上,有开花不结实现象,成为无效花。

图 3-5 草莓花序

草莓的果实是由花托膨大而形成的,栽培学上称为浆果。雌蕊受精后形成的种子称为瘦果,并着生在肉质花托上。肉质花托(图 3-6)分为两部分,内部为髓,外部为皮层。种子嵌入浆果深度与草莓的耐贮运性有关,种子与果面平或凸出果面的品种比凹入的品种耐贮运。果实形状因品种不同而有差异,有圆锥形、长圆锥形和楔形等。栽培管理条件对于草莓形状具有影响,授粉不良的草莓常常为畸形果(图 3-7)。

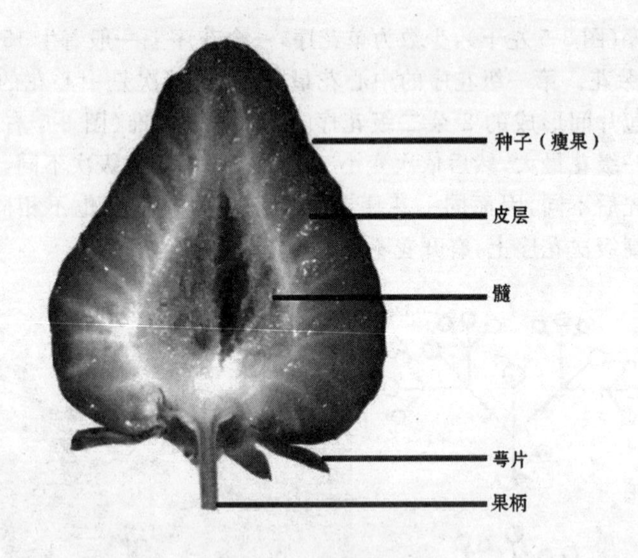

图 3-6　草莓果实剖面

图 3-7　草莓果实形状及畸形果

（五）根　系

草莓的根系属于须根系，主要分布在 20 厘米土壤表层内（图 3-8）。不同的草莓品种在根系特征上存在差别，一种类型是新茎上发出的不定根数目多，侧根数少而粗，如丰香品种的根系(图 3-9 右);另一种是新茎上发出的不定根数目少,但是侧根数目多而细,如佐贺清香品种的根系(图 3-9 左)。一株草莓可发出几十条不定根,新发出的不定根是白色的,以后变黄并且逐渐衰老变成褐色(图 3-10)。草莓根系的寿命为1～2 年。

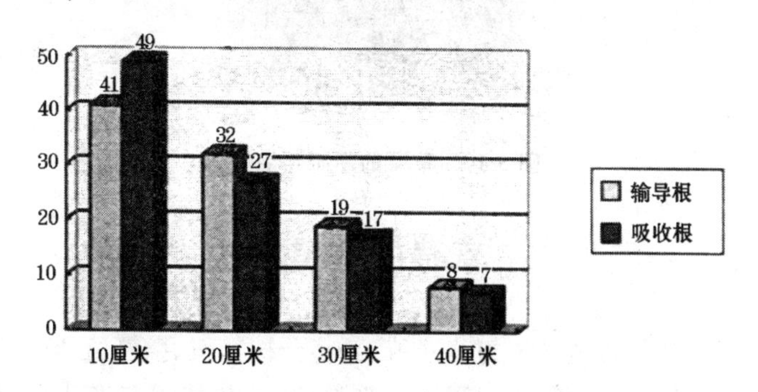

图 3-8　草莓根系在土层中分布情况

图 3-9　不同草莓品种在根系特征上的差别

图 3-10　草莓的新根与老根

二、草莓的繁殖方式

草莓的繁殖有匍匐茎繁殖、新茎分株繁殖、微繁殖和种子繁殖 4 种方式。前 3 种属于无性繁殖，后代能够与亲代保持高度的遗传一致性，种子繁殖属于有性繁殖，后代的变异很大，所以生产上几乎没有利用种子进行繁殖的。

匍匐茎繁殖是草莓生产上普遍采用的繁殖子苗的方法，这种繁殖方式的优点是方法简单、管理方便。每株普通草莓苗可以抽生出数条匍匐茎，每个生长季形成几十株子苗，每 667 米^2 地块 1 年可繁殖 4 万株生产苗。

对于不易发生匍匐茎的草莓品种，也可以利用新茎分株繁殖方法。经过 1 年生长的草莓植株可发出数个新茎分枝，当每个新茎分枝具有 4～5 片叶，而且有较多新根时即可分株移栽。方法(图 3-11)是将草莓植株整墩挖出，剪掉衰老的根状茎并将新茎分开，每株新茎苗要剪留良好的根系(下部有 4～5 条长 4 厘米以上的新根)，然后尽快定植。

微繁殖是通过组织培养的手段进行繁殖。草莓微繁殖是

图 3-11　新茎分株繁殖

将草莓茎尖(约 0.5 毫米)接种在培养基上，诱导出幼芽，在试管中通过腋芽萌发增殖，试管苗经过驯化后移栽到育苗圃中(图 3-12)。微繁殖的最大优点是可以获得无病毒种苗，其后代生长势旺盛，整齐一致，增产效果明显。

图 3-12　利用组织培养方法繁殖草莓无病毒苗

三、草莓生产苗的田间繁殖与培育

生产苗(子苗)的质量和数量是草莓高产、优质的基础。目前，国内繁育草莓生产苗的方法主要有 2 种，第一种是在专用繁殖圃中繁育生产用子苗，第二种是利用生产田直接进行子苗繁育。第二种方法繁殖系数小，子苗质量较差，不整齐，病害严重。因此，目前生产上重点推广第一种繁苗方法。

（一）专用繁殖圃繁育草莓生产苗的技术流程

在专用繁殖圃繁育草莓生产苗的流程见图 3-13。对于培育数量多、质量好的草莓生产苗来说，种苗（母株）选择是基础，田间管理是关键。

图 3-13　专用繁殖圃繁育草莓生产苗的流程图

（二）种苗选择

选择品种纯正、健壮的组织培养脱毒原种苗为繁殖生产苗的种苗（母株），其质量标准为有 3 片以上新叶，根须发达，无病虫害（图 3-14）。也可以以脱毒一代苗（在温室或露地由组培脱毒原种苗在一个生长季里繁殖出的子苗）或脱毒二代苗（在田间的一个生长季里由一代苗繁殖出的子苗）作为母株。

图 3-14　标准的草莓组织培养脱毒原种苗

在没有脱毒种苗的情况下，可以从生产园田间选择健壮苗木作为原种苗。即前1年在生产园中对于生长健壮、产量高、果形好的植株，给予其充足的水分、营养和精心管理，秋季将其繁殖出的子苗以20厘米左右的株行距集中假植于田间，翌年春季作为母株定植。

（三）育苗地的土壤条件

选择土层较深厚、质地为壤质、结构疏松、呈中性反应、有机质含量在1.5%以上、排灌方便的土壤进行草莓育苗，土壤的环境质量应符合无公害草莓产地的土壤环境质量要求。苗圃应选地势平坦、光照充足的地块，最好是选择没栽过草莓的地带繁苗，或者前茬以小麦、豆类、瓜类等作物为宜。种过草莓、烟草、马铃薯、番茄而又未轮作其他作物的，不宜作为草莓苗圃地。

（四）整地与施肥

苗圃选好后，每667米^{2}施腐熟有机肥3～5米^3，过磷酸钙30千克或磷酸二铵25千克。结合施基肥，深翻土地，使地面平整，土壤熟化。耕匀耙细后做成宽1.2～1.5米的平畦或高畦（图3-15）。一般采用平畦，因为平畦灌溉方便，保墒效果好。畦面与地面平齐，畦埂高10～15厘米、宽20～30厘米。平畦容易积水，所以在雨水多或地势较低的地方，应该采用高畦，畦面高度以有利于排出积水为准，一般高出地面15～30厘米。

定植前土壤要适当压实，以防定植后浇水时幼苗栽植深浅不一或露根。

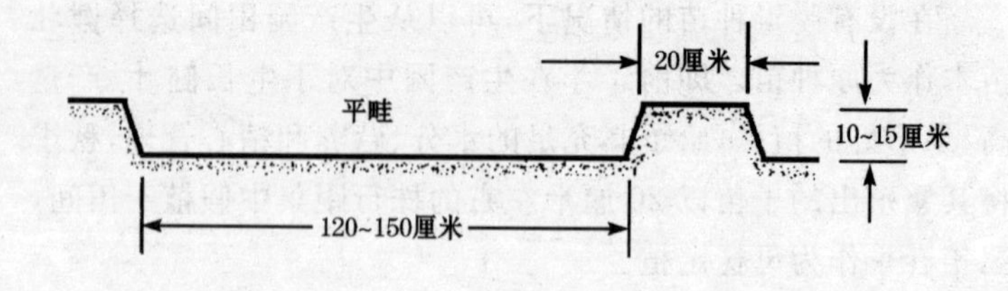

图 3-15　平畦与高畦示意图

(五)定植母株

春季日平均气温达到 10℃以上时定植母株,一般年份,华东地区在 3 月中下旬,华北地区在 4 月上中旬,东北地区在 4 月下旬至 5 月上中旬。组织培养脱毒原种苗要在晚霜后定植。

将母株单行定植在畦中间,株距 50～80 厘米;对于匍匐茎繁殖能力低的草莓品种,每畦栽 2 行,行距 60～80 厘米(图 3-16)。母株的栽植密度与其质量、品种、定植时间及栽培管理条件有关,组培脱毒原种苗繁殖系数高,可少栽,南方地区定植早,也应少栽。定植的母株数掌握在每 667 米^2 繁育 3 万～4 万株生产苗为宜,一般在南方地区,每 667 米^2 定植 400～600 株,北方地区 800～900 株,繁殖系数低的品种的母株定植数是繁殖系数高的品种的 1.5～2 倍。

在苗床上按栽植密度刨穴,将苗放入穴中央(营养钵中的组培苗带土定植),舒展根系,培细土后浇透水,水渗下后封

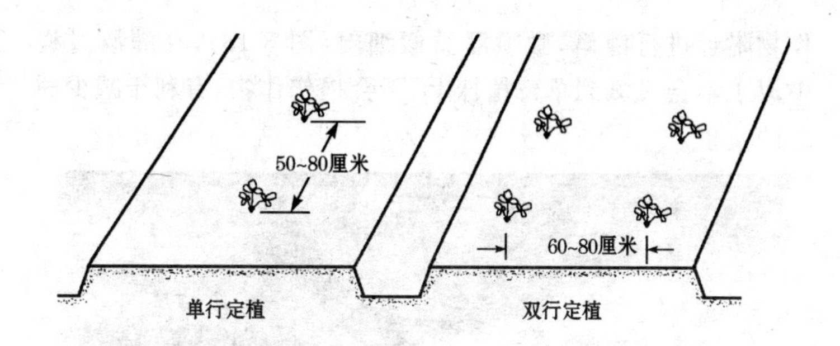

图 3-16　草莓繁苗母株定植方式

穴。植株栽植的合理深度是根颈部与地面平齐,做到深不埋心,浅不露根(图 3-17)。

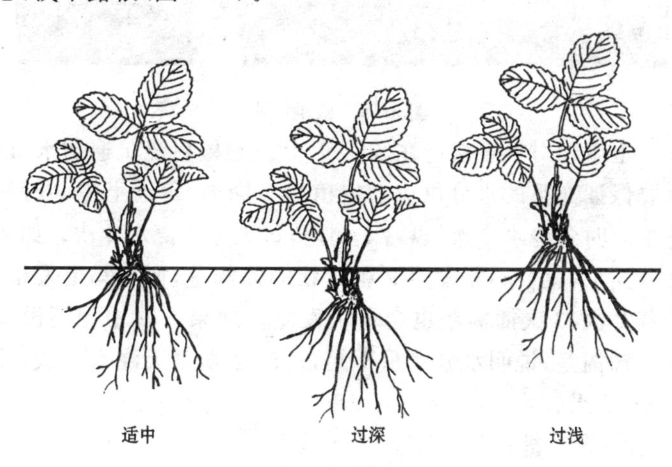

图 3-17　草莓苗定植的适宜深度

(六)苗期管理

1. 灌　溉

采用喷灌或漫灌的灌溉方式均可,有条件的最好采用微喷灌的方式。微喷灌采用微喷头将水流以细小的水滴喷洒在作物附近进行灌溉，微喷灌类似细雨（图 3-18），在灌溉过程中泥土不会飞溅到草莓植株上，不会损伤作物，有利于减少病害的发生。

图 3-18 微喷灌

土壤相对湿度保持在 60%以上。定植后浇 1 遍透水，以后要保证充足的水分供应。定植后 1 周内，每天上午 9 时和下午 3 时各浇水 1 次；以后 1 周内，每天上午浇水 1 次。如果水分充足，就会不断发生又粗又壮的匍匐茎，而且马上发根，接着 2 次、3 次匍匐茎也会很快发生。如果 6 月中旬还没有发生匍匐茎，说明水分严重不足，这时必须每天浇水 2 次，连续 4～5 天。

2. 追 肥

缓苗后，叶面喷施 0.2%尿素 1 次。开始旺盛生长时，施 1 次氮磷钾复合肥，在株行两侧 15 厘米处挖坑施入，坑深约 5 厘米，每株 2 克。匍匐茎大量发生后，叶面喷施 0.3%～0.5%尿素 1 次，以后每隔 15～20 天喷 1 次。8 月份停止施用氮肥，改喷 0.5%磷酸二氢钾 2 次。

3. 喷赤霉素

定植后 20～30 天，喷 1 次赤霉素，以促进抽生匍匐茎，浓度为 50～100 毫克/升。对于一代苗、二代苗，15 天后再喷 1 次，而组培脱毒原种苗喷 1 次即可。选择在多云、阴天或傍晚时喷洒赤霉素，而且要喷洒在植株的心上，不要喷洒在叶片上（图 3-19）。赤霉素的使用浓度要严格掌握，浓度过低，促发匍匐茎的效果不明显，浓度过高，会导致母株徒长。

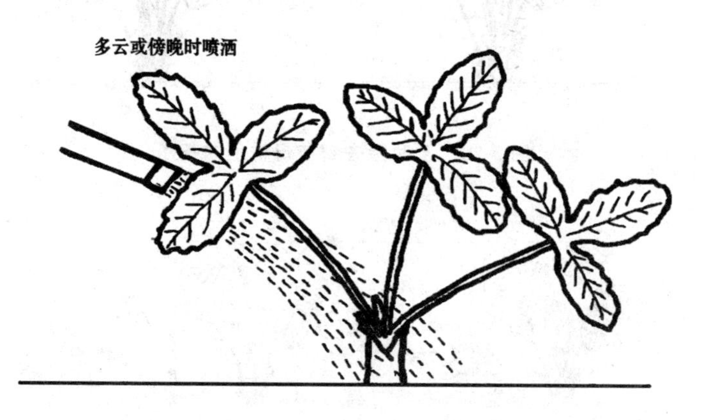

图 3-19　喷洒赤霉素的时间和方式

4. 去花序

母株上抽生的花序要立即去除（图 3-20），这样有利于早生、多生匍匐茎。去除时间越早越好，以免消耗养分。去除母株花序是草莓育苗的关键性措施，不可忽视。

5. 去老叶和病叶

当母株的新叶展开后，应及时去掉干枯的老叶、枯叶和病叶（图 3-21），防止老叶消耗养分，并利于通风透光，减少病害的发生。一只手拿住叶柄，另一只手扶住植株，轻轻地将整个老叶或病叶掐下来，注意将托叶鞘一并去除。

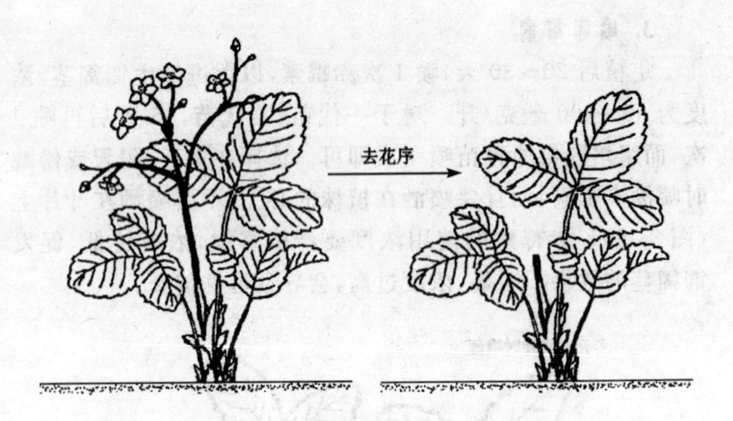

图 3-20　及时除去繁苗母株上的花序

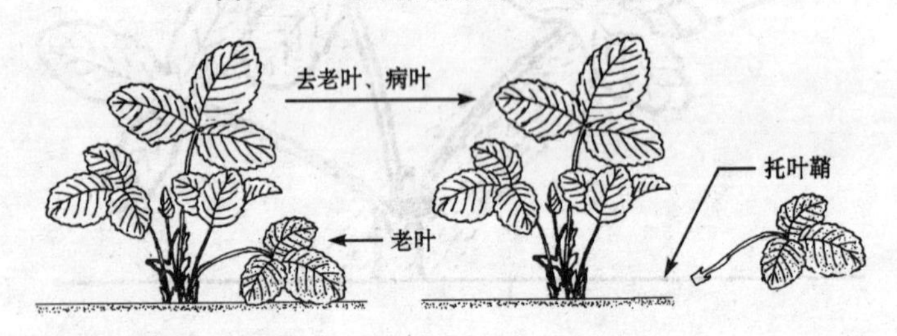

图 3-21　除去繁苗母株上的老叶和病叶

6. 引茎（领蔓）

匍匐茎伸出后，要及时引茎，即将其在母株四周均匀摆布，避免重叠在一起或疏密不均(图 3-22)。

7. 压　茎

当匍匐茎长至一定长度出现子苗时，及时压茎有利于子苗生根和加速子苗的生长。具体的操作方法是：在生苗的节位处挖一个小坑，培土压茎，注意将生长点外露(图 3-23)。压茎是草莓繁育前期的一项经常性的工作，子苗随时发生应

图 3-22 引　茎

随时压茎。

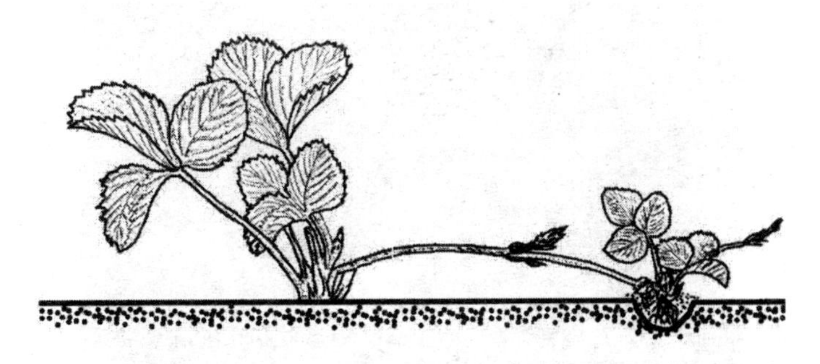

图 3-23 压　茎

8. 去匍匐茎

每株保留 50 个左右匍匐茎苗，每 667 米^2 繁育的合格苗木控制在 4 万株以内，子苗之间的距离不小于 12 厘米。多余的匍匐茎在未扎根之前尽早去掉。

9. 除　草

因为草莓对多种除草剂都比较敏感，所以不提倡化学除草。整个繁苗期间，要随时人工除草。

10. 病虫害防治

重点防治草莓炭疽病、草莓蛇眼病、草莓白粉病、草莓褐角斑病、草莓褐色轮斑病及蚜虫、地老虎等病虫害，具体防治方法参见第八章棚室草莓病虫害防治部分。

四、草莓苗木质量标准

用于棚室生产的草莓苗，应达到二级苗以上的标准，即具有3片以上成龄叶片(叶片完全展开)，新茎粗度在0.8厘米以上，中心芽饱满，根系较发达((表3-1，图3-24)。

图3-24　用于草莓棚室生产的草莓苗

表 3-1 草莓苗木质量标准

项 目	分 级	一 级	二 级
根	初生根数	5 条以上	3 条以上
	初生根长	7 厘米以上	5 厘米以上
	根系分布	均匀舒展	均匀舒展
新 茎	新茎粗	1 厘米以上	0.8 厘米以上
	机械伤	无	无
叶	叶片颜色	正常	正常
	成龄叶片	4 个以上	3 个以上
	叶柄	健壮	健壮
芽	中心芽	饱满	饱满
苗 木	虫害	无	无
	病害	无	无
	病毒症状	无	无

培育壮苗是提高草莓产量的重要措施之一，美国的试验结果表明，秋季定植的生产苗的叶片数越多，翌年春季的花序数、花朵数和果实也越多(表 3-2)。培育草莓壮苗的一个重要方法是进行假植，具体的技术措施见第四章提早草莓花芽分化的技术部分。

表 3-2 草莓子苗叶片数对花序、花朵、果实数量的影响

(引自马鸿翔、段辛楣主编的《南方草莓高效益栽培》

叶片数	花序数	花朵数	果实数
2	1.8	15.9	13.2
4	3.9	39.4	34.5

续表 3-2

叶片数	花序数	花朵数	果实数
6	5.4	52.5	41.8
8	5.8	67.5	58.8
10	7	75.1	64.7

五、生产苗出圃

当大部分匍匐茎苗长出 4～5 片叶时，可根据生产需要出圃定植。出圃时间为当地草莓定植的最佳时期。起苗前 2 天浇 1 次水，使土壤保持湿润状态，起苗时根系带湿土坨，这样苗不易被风吹干。起苗深度不少于 15 厘米，避免伤根。定植地点距离苗圃近，最好带土坨起苗移栽，以提高定植成活率。子苗起出后如果不能及时定植，要用泥浆浸根，保持根系湿润，防止被风吹干。

对于需要国内远途运输或出口的草莓秧苗，苗木的处理比较严格和复杂。首先要进行挑选和清洗；然后 50 株为 1 捆，根部套上塑料袋，以保持根部水分；将一捆捆的草莓苗装箱后送入冷库中预冷 24 小时以上，然后装入低温冷藏车运输。

第四章 提早草莓花芽分化的技术

在草莓生产苗培育期间，采取假植等技术，可以使草莓苗提早进行花芽分化，进而实现提早开花结果、果实提早上市。通常条件下，促成栽培草莓的果实开始采收期是在 12 月份，如果采用假植及低温处理等手段，可以实现 11 月份鲜果上市（图 4-1）。目前，提早草莓花芽分化的技术措施主要有：

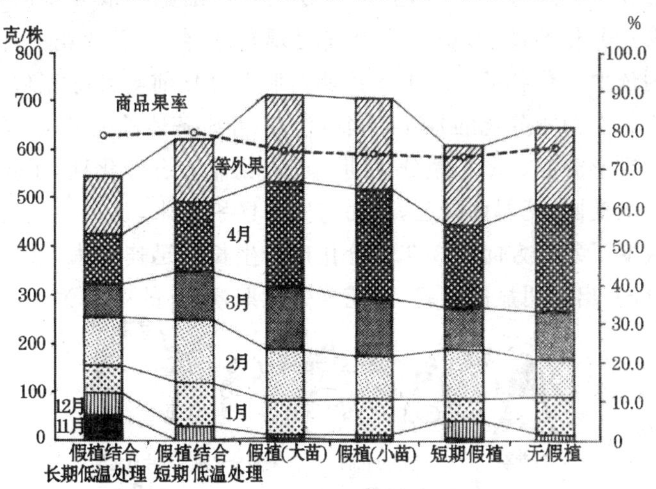

图 4-1 假植对女峰草莓成熟期及产量的影响

（引自日本诚文堂新光社出版的《草莓品种和新技术》）

1. 假植结合长期低温处理：假植时期 7 月 10 日～9 月 2 日，
   低温处理时期 8 月 2 日～9 月 1 日
2. 假植结合短期低温处理：假植时期 8 月 2 日～9 月 13 日，
   低温处理时期 8 月 30 日～9 月 12 日
3. 假植（大苗）：假植时期 8 月 19 日～9 月 17 日
4. 假植（小苗）：假植时期 8 月 19 日～9 月 17 日
5. 短期假植：假植时期 9 月 3 日～9 月 18 日
6. 无假植：9 月 24 日定植

假植育苗、低温处理、遮光处理、高山育苗等。

一、草莓花芽分化

（一）花芽分化过程

草莓的花芽是在叶芽的基础上形成的，由叶芽的生理形态转为花芽的生理状态和形态的过程叫花芽分化。一般花芽分化过程经过生理分化、形态分化和性细胞形成3个时期。形态分化的过程（图4-2）是先出现花序，然后每朵花由外到内依次分化各部分。①叶芽期。形态分化前与叶芽相似，其生长点为刚分化的雏叶叶鞘所包被，叶原基体基部平坦，顶部为锥形突起。②花序分化期。进入花芽形态分化期，生长点变大变圆、肥厚而隆起，从而与叶芽区别开来，从组织形态上改变了发育方向。③花蕾分化期。生长点迅速膨大，并发生分离，出现明显的突起，为花蕾分化期，中心的突起为中心花

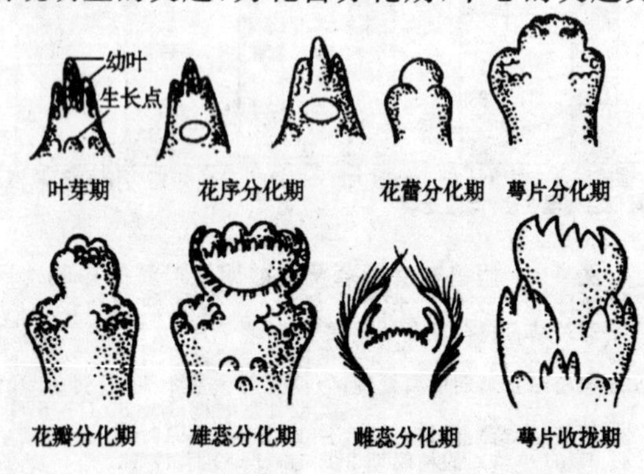

图4-2 草莓花芽分化过程

蕾原基,两边为侧花花蕾原基。④萼片分化期。在花蕾原基中央突起的周边出现突起,为萼片原始体。⑤花瓣分化期。萼片原基内层出现新的突起,为花瓣原始体。⑥雄蕊分化期。花瓣原始体内缘出现2层密集的小突起,为雄蕊原始体。⑦雌蕊分化期。由于萼片、花瓣、雄蕊原始体的不断生长,花器中心相对下陷。下陷的花托上出现多数突起,即为雌蕊原始体。⑧萼片收拢期。萼片将花瓣、雄蕊、雌蕊等原始体包被,并有大量茸毛长出,此期为萼片的收拢期。该期标志着一朵花各器官原基的分化完成。现蕾期为花粉四分体形成期至开花前雄蕊、雌蕊的性细胞形成。

(二)花芽分化与环境条件的关系

草莓在低温、短日照的环境条件下进行花芽分化,一般而言,在17℃～24℃和12小时以下的光照条件下,草莓就可以开始花芽分化。在自然条件下,草莓在9月上旬就进入花芽分化期。但采用一些人工措施可以大大提早草莓花芽分化的时间,为促成栽培草莓的早期丰产奠定重要基础。

二、假植育苗

假植育苗就是把苗床中由匍匐茎形成的子苗(图4-3)在栽植到生产田之前,先移栽到固定的场所进行一段时间的培育。假植育苗的时期以定植前50天为宜。假植的最主要好处是提早花芽分化,开花结果早(图4-1)。假植有利于培育壮苗,而且在温室定植时,可以选择大小一致幼苗带土坨定植,定植成活率高,缓苗快,苗木整齐一致,产量高。因此,对于草莓促成栽培,在生产苗定植之前,要进行假植。草莓假植育苗的方式有 2 种，一是营养钵假植育苗，二是苗床假植育苗。在促进花芽分化方面，营养钵假植的效果明显优于苗床假植。

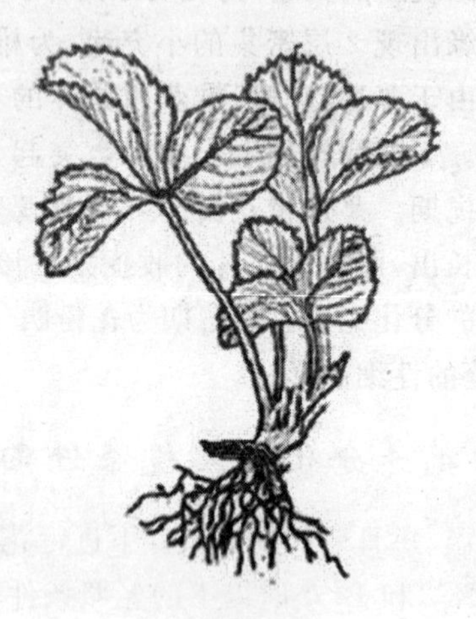

图 4-3　草莓匍匐茎苗

(一)营养钵假植育苗

1. 营养钵

一般选用直径 10 厘米或 12 厘米的黑色塑料营养钵。日本近些年来在推广一种新型的细长的小营养钵，直径 4 厘米，长 15 厘米，容量 115 毫升，因其小型且重量轻而被称为“爱钵”。栽有草莓的爱钵被放在专用架子上，能够高密度放置，1 米^2 约能放置 50 个(图 4-4)。

2. 准备基质

育苗土基质为无病虫害的肥沃土壤，加入一定比例的有机物料，以保持土质疏松。适宜的有机物料主要有草炭、山皮土、炭化稻壳、腐叶、腐熟秸秆等，可因地制宜，取其中之一。

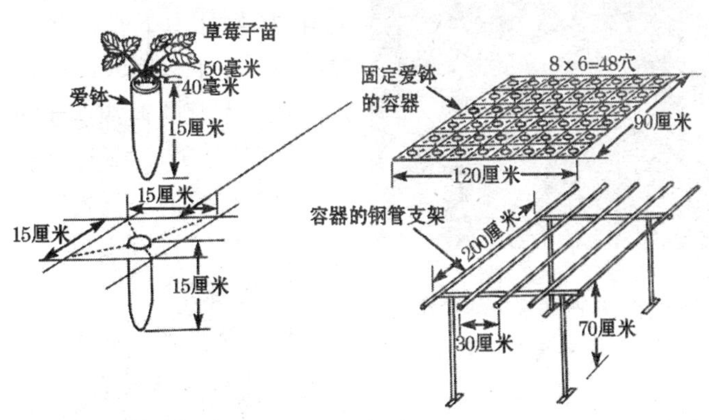

图 4-4 爱钵育苗

土壤与有机物料的适宜比例为 2∶1。此外,育苗基质中加入优质腐熟农家肥 20 千克/米^3，氮磷钾复合肥 2 千克/米^3（图 4-5）。日本常用的一种草莓育苗基质的配方如下：砂壤土 4 吨，炭化稻壳 200 千克（体积是砂壤土的一半），发酵磷肥（骨磷）30 千克，CDUS 555（复合肥，氮、磷、钾比例 1∶1∶1）4～5 千克。

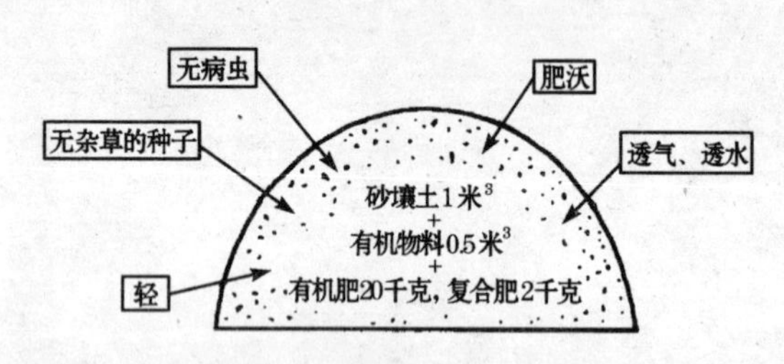

图 4-5 草莓营养钵假植育苗基质

3. 假植时期

根据匍匐茎子苗的大小来决定假植时期，对于 3 叶 1 心的大苗，在 7 月中下旬假植到营养钵中。在华东地区，每年的 6 月份就有大量的匍匐茎子苗发生，可以从 6 月上中旬开始陆续选取刚长根的小匍匐茎子苗（图 4-6）扦插到营养钵中。

图 4-6 将两叶大小的小子苗扦插到营养钵中

4. 假植方式

根据假植到营养钵中的匍匐茎子苗与母株是否相连，营养钵假植育苗又可分为 2 种方法：装钵法和接钵法（图 4-7）。装钵法也称作“切断匍匐茎的盆钵育苗”，即将子苗与母株分离后栽植到营养钵中，然后将栽有苗的营养钵排列在架子上或苗床上(图 4-8),这种方法管理方便,但是在炎热少雨的夏季,成活率较低。接钵法也称作"不断匍匐茎的盆钵育苗",将装有基质的营养钵摆放在母株的周围,然后将匍匐茎子苗栽植到营养钵中(图 4-9),子苗保持与母株相连,这种方法成活率高,但是管理相对麻烦。目前人们主要采用装钵法。

图 4-7 营养钵假植育苗方法示意图

图 4-8 装钵育苗

5. 栽植后管理

对于装钵法,第一周内搭建覆盖遮阳网的小拱棚遮荫。晴天中午遮荫,傍晚及多云、阴天不遮荫(图 4-10)。栽植后浇透水,定时喷水以保持湿润,每天至少喷水 2～3 次。子苗发出新根后,每天喷水 1～2 次。栽植 15 天后叶面喷施 1 次

图 4-9　接钵育苗

0.3%尿素，以后每隔 10 天叶面喷施 1 次 0.5%氮磷钾复合肥，进入 8 月份后停止施氮肥，每隔 10 天喷 1 次 0.2%磷酸二氢钾。及时摘除抽生的匍匐茎和枯叶、病叶，并进行病虫害综合防治。

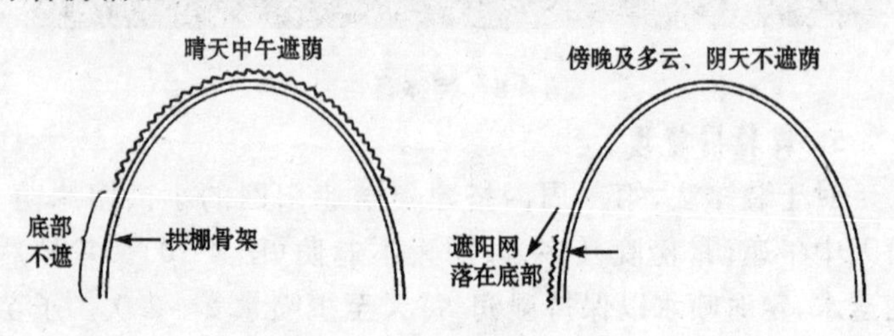

图 4-10　假植苗遮荫方法

随着假植时间的增加，营养钵中的根系会从钵底的小孔钻出，扎到苗床的土壤中，吸收水分和养分。到8月下旬，为了控制营养生长，促进花芽分化，要对苗床上的营养钵苗进行转钵断根，即通过转动营养钵来切断钵外根系与钵内秧苗的连接(图4-11)。

图4-11　转钵断根

(二)苗床假植育苗

1. 准备苗床

每667米^{2}施腐熟有机肥1.5～2米^3，然后做0.8～1.2米的苗床，一般为高畦，床高15～20厘米。

2. 栽植时期和方式

在7月上中旬，选择具有3片展开叶的匍匐茎苗进行假植，株行距10～15厘米×10～15厘米(图4-12)。

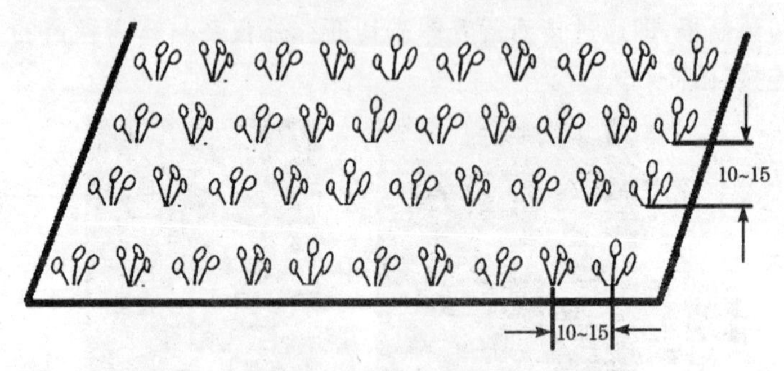

图4-12　苗床假植　(单位:厘米)

3. 栽植后管理

栽后立即浇透水，并用遮阳网进行遮荫。头3天内每天喷2次水，以后见干浇水以保持土壤湿润(图4-13)。假植10天后子苗恢复生长，撤除遮阳网，叶面喷施1次0.3%尿素，之后每10天叶面喷施1次0.2%磷酸二氢钾。及时中耕除

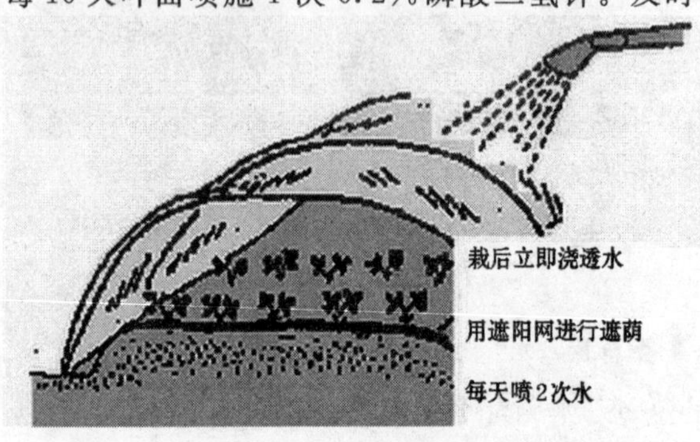

图4-13　苗床假植苗的管理

草，摘除抽生的匍匐茎和枯叶、病叶，并进行病虫害综合防治。

4. 断　根

为了抑制根系吸收氮肥，控制营养生长，促进花芽分化，在定植前 15～20 天(8 月下旬至 9 月初)对假植苗进行移植断根处理(图 4-14)。具体操作如下：用小铁铲在假植苗圃切土断根，切成正方形或圆柱形，边长或直径为 7 厘米左右，将假植苗与土坨一起移植 1 个株距，被移植的苗要填土覆平。在移植断根的前 1 天傍晚，浇透水，以利于带土移植。移植断根后，苗在中午会出现暂时萎蔫状态，这属于正常现象。

(三)假植苗的壮苗标准

用于生产的草莓假植苗的壮苗标准为：具有 4 片以上展开叶，根茎粗度 1.2 厘米以上，根系发达(图 4-15)，苗重 30 克以上，顶花芽分化完成，无病虫害。

图 4-14　草莓苗的断根处理

图 4-15　营养钵假植培育的壮苗

三、低温处理

在营养钵假植育苗期间进行低温处理,可以进一步促进草莓花芽分化提早。低温处理方式主要分为2种:株冷处理和夜冷处理。

(一)株冷处理

将草莓苗放在温度较低的冷库中处理约半个月,以满足花芽分化对低温的需求。在8月中下旬选择具有3片完全展开叶、新茎在1厘米以上的壮苗进行处理,入库时库温略低,一般为12℃～13℃,1周后升至13℃～15℃。日本的试验结果表明,在8月16日至8月31日对丰香苗进行株冷处理,果实的开始收获期可提前到11月1日。

(二)夜冷处理

白天将草莓苗置于自然条件下,夜间置于低温条件下,以促进花芽提早分化。在8月中下旬,对具有3片完全展开叶、新茎在0.8厘米以上的营养钵假植苗进行处理,每天光照8小时(上午8时至下午4时,晴天用遮阳网适当遮荫),黑暗低温16小时(下午4时至次日上午8时,温度控制在12℃～14℃)。用可移动多层假植箱将营养钵苗送入特定的冷库(图4-16),也可将整个育苗温室改造为简易冷库。日本的试验结果表明,在8月11日至8月31日对丰香苗进行夜冷处理,果实的开始收获期也可提前到11月1日。

图 4-16　草莓夜冷育苗的设施

四、遮光或短日照处理

（一）遮光处理

在草莓假植苗床上搭建拱棚，高度一般在 1～1.5 米，然后用遮光率为 50%～60%的遮阳网对假植苗床进行遮光（图 4-17），以降低苗床上的温度，从而促进花芽分化。在无风晴天，这种遮光方法可降温 4℃～5℃；在有风晴天，可降温 2℃～3℃。遮光处理一般自 8 月中旬开始，到 9 月中旬花芽分化开始后结束，连续处理 20 天以上。通过遮光处理，能够将花芽分化时间提前数天。

（二）短日照处理

在傍晚至第二天上午，用苇子、遮光率高的遮阳网或黑色地膜对假植苗床进行完全遮光(图 4-17),可以满足草莓花芽分化对短日照条件的需求,同时也可降低植株所处环境的温度,从而起到促进花芽分化的作用。短日照处理也是自 8 月中旬开始,至 9 月中旬花芽分化开始后结束,下午 4 时至翌日上午 8 时进行覆盖处理,把白天日照长度控制在 8 小时。

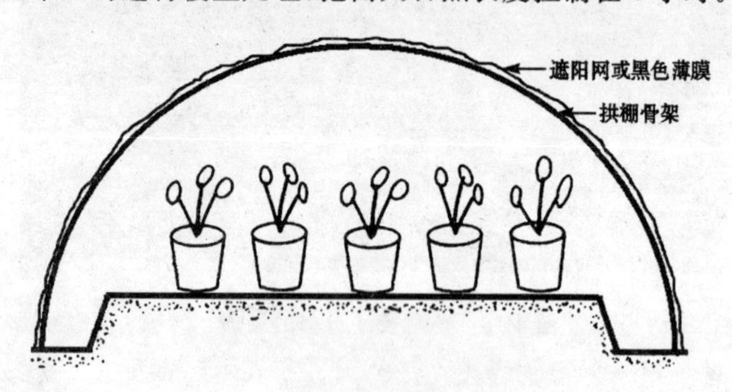

图 4-17　草莓遮光或短日照处理示意图

第五章　棚室草莓栽培技术

一、草莓促成栽培技术

在我国北方地区，利用日光温室进行草莓促成栽培的方式比较普遍；而在我国南方地区，由于冬季气候不是十分寒冷，因此利用塑料大棚进行草莓促成栽培。促成栽培草莓主要有 2 个优点：①鲜果上市早、供应期长。鲜果最早可在 11 月中下旬开始上市，陆续采收可延长到翌年 5 月份，采收期长达 6 个月，比露地栽培提早 5～6 个月，供应鲜果时间比露地栽培延长 5 个月。②产量高、效益好。采用促成栽培可使草莓植株花序抽生得多，连续结果，产量高，株产可达 500 克以上；鲜果上市正值水果生产淡季，单价高，因此经济效益十分可观，通常每 667 米^2 产值在 2 万元以上。

为了给棚室草莓创造符合生长发育的环境条件，在冬季气候寒冷、寡日照的北方地区，日光温室中应该有加温设备等设施；而在南方长江中下游地区，在塑料大棚内加扣中、小拱棚或挂幕帐可代替加温设备。

草莓日光温室促成栽培的管理技术比较复杂，不仅需要较高水平的温度、湿度、光照调控技术，也需要在土、肥、水上加强管理。

（一）品种选择

草莓促成栽培要求选择休眠浅、果实整齐的品种。目前国内草莓促成栽培广泛种植的日本品种主要有丰香、幸香、枥乙女、章姬、红脸颊等,欧美品种主要有图得拉、弗杰尼亚、卡麦罗莎、甜查理等,见第一章棚室草莓品种选择部分。

(二)土壤消毒及整地做垄

草莓忌重茬,重茬后黄萎病、根腐病、革腐病等土传病害发病严重。为了确保优质、丰产,在定植前要实施棚室土壤消毒。具体的消毒方法见第七章草莓病虫害防治原则和方法部分。

9月初平整土地,每667米^{2}施入腐熟的优质农家肥5 000千克和氮磷钾复合肥50千克(在利用太阳热进行土壤消毒时可以加入农家肥,通过高温使农家肥充分腐熟),然后做成大垄。采用大垄栽培草莓可以增加光照面积,提高土壤的温度,有利于草莓植株管理和果实采收。大垄规格是:垄面上宽50~60厘米,下宽70~80厘米,高30~40厘米,垄沟宽达20厘米(图5-1)。

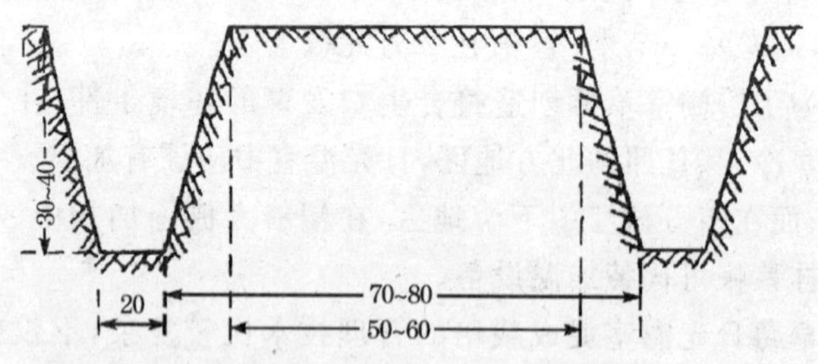

图5-1 促成栽培草莓定植大垄截面图 (单位:厘米)

日光温室中的草莓栽植垄一般为南北走向(图5-2),也有做成东西走向的(图5-3),塑料大棚中草莓栽植垄的走向与大棚方向一致(图5-4)。

图 5-2　日光温室中草莓栽植垄为南北走向

图 5-3　日光温室中草莓栽植垄为东西走向

图 5-4 塑料大棚中草莓栽植垄方向与大棚方向一致

(三)定 植

根据育苗方式确定草莓植株定植时期。对于假植苗，当顶花芽分化的植株达 80%时进行定植，通常是在 9 月中旬。营养钵假植苗定植过早，会推迟花芽分化，从而影响前期产量；定植过迟，会影响腋花芽的分化，出现采收期间隔拉长现象，从而影响整体产量。非假植草莓苗在顶花芽开始分化的前半个月左右定植，一般是在 8 月下旬至 9 月初定植，缓苗期正赶上花芽分化，由于正在缓苗的植株从土壤中吸收氮素营养的能力比较差，所以有利于花芽分化。

定植的草莓生产苗应达到壮苗标准，即具有 4 片展开的叶片，叶片大而厚，叶色浓绿，新茎粗度 1.2 厘米以上，根系发达，全株鲜重 30 克以上，无明显病虫害。

定植的深度要求“上不埋心、下不露根”，见第三章图 3-17。定植过浅，部分根系外露，吸水困难且易风干；定植过深，生长点埋入土中，影响新叶发生，时间过长引起植株腐烂死亡。

采取大垄双行的定植方式，株距 15～18 厘米。定植时植株一般弓背朝向垄沟，植株距垄沿 10 厘米，小行距 25～30 厘米(图 5-5)，这样花序和果实全部排列在垄沿上(图 5-6)，有

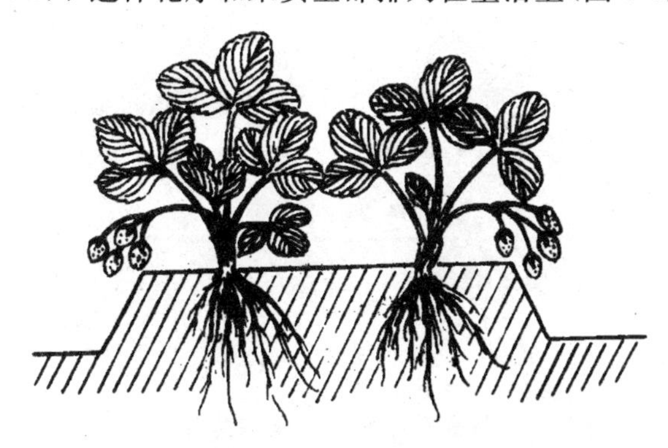

图 5-5　草莓定植方向(弓背朝向垄沟)示意图

图 5-6　草莓果实排列在垄沿上

利于疏花疏果和果实采收。对于果色着色较差的品种，如丰

香，最好采取植株弓背朝向垄台的定植方式（图 5-7），结果后，用塑料栅栏或绳子将叶片挡在垄两侧，将结果的花序摆放在垄台上（图 5-8），这样有利于果实接受光照，提高品质。需要注意的是，如果果实摆放在垄台上，最好在塑料地膜上加盖一层黑色的无纺布，使得果实不直接与地膜接触，以防止果实

图 5-7　草莓定植方向（弓背朝向垄台）示意图

图 5-8　草莓果实排列在垄台上

底部被烫伤。

每 667 米^2 用苗量为 7 000～10 000 株。定植时应保持土壤湿润，最好先用小水将整个垄面浇湿。一般在晴天傍晚或阴雨天进行定植，应尽量避免在晴天中午阳光强烈时定植。定植后及时浇水，保证植株早缓苗，定植后 1 周内每天早晨和傍晚各浇水 1 次，有条件的要适当遮荫。

（四）扣棚保温及地膜覆盖

1. 扣棚时间

扣棚是将塑料棚膜覆盖到日光温室的骨架上进行保温。草莓日光温室促成栽培的覆盖棚膜时间是在外界最低气温降到 8℃～10℃时进行。保温过早，温室内温度高，植株徒长，不利于草莓的腋花芽分化；保温过晚，植株进入休眠，不能正常生长结果，从而影响植株的产量。

2. 地膜覆盖

地膜覆盖是草莓设施栽培中的一项重要措施，因为通过覆盖地膜，不仅可以减少土壤中水分的蒸发，降低日光温室内的空气湿度，减少病虫害发生率，而且能够提高土壤温度，促进草莓根系的生长，从而使植株生长健壮，鲜果提早上市。此外，覆盖地膜可以使花序避免与土壤直接接触，防止土壤对果实污染，提高果实商品质量。目前生产中普遍使用黑色地膜，因为黑色地膜的透光率差，可显著减少杂草的生长。

北方日光温室一般在扣棚后 10 天覆盖地膜，而南方塑料大棚一般在现蕾期（花序刚刚露出，图 5-9）覆盖地膜。覆膜过晚，提苗时易折断叶柄，从而影响植株生长发育。地膜覆盖应在早晨、傍晚或阴天进行，盖膜后立即破膜提苗。用刀在薄膜上苗的位置划一短线，这样使提苗后露出的土较少（图 5-

10)。苗从地膜下提出后，将地膜展平并固定。在铺设地膜之前，应先装好滴灌装置(图 5-11)，覆膜后立即浇水，以减少覆膜操作对植株生长发育的影响。

图 5-9 草莓现蕾

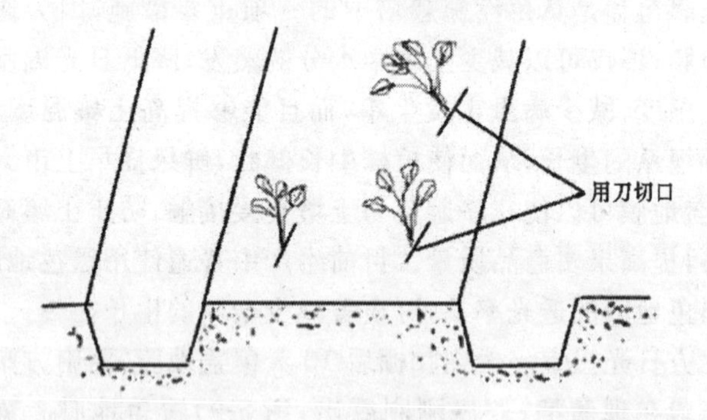

图 5-10 破膜提苗

图 5-11　垄上的滴灌装置

(五)温湿度管理

温度对于草莓生长发育具有重要影响,温度和空气相对湿度与棚室中病害的发生有着直接关系。因此,温湿度管理水平直接决定着草莓促成栽培是否成功。

1. 棚室中温湿度管理的措施

棚室的保温主要依靠覆盖物和墙体来解决,有条件的话,可以安装加温设施,以备灾害性天气到来时使用。在北方地区,通过覆盖草帘、纸被,夜间日光温室内温度比外界气温高20℃以上,例如,当外界最低气温达到－20℃时,温室内可保持在5℃左右,可以不使用加温设备。在南方地区,通过多层棚膜覆盖来提高塑料大棚内的温度,例如,双重覆盖比单层覆盖提高棚内温度4℃左右,而当外界最低气温低到－7℃时,三重覆盖(图 5-12)可使棚内温度接近5℃。

利用加温设备加温的方法主要有2种,一种是炉火加温

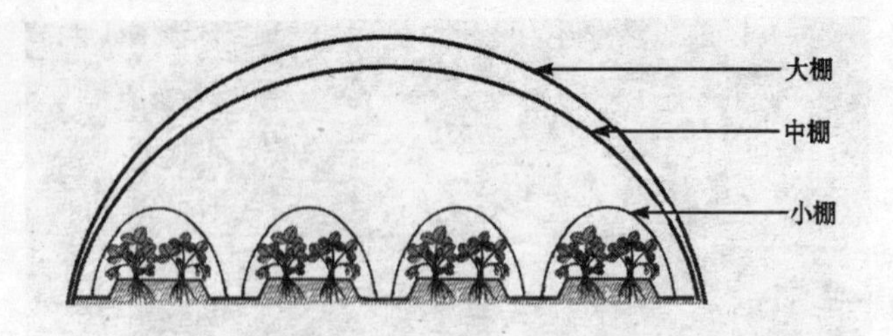

图 5-12 塑料大棚促成栽培草莓的三重覆盖示意图

(图 5-13),另一种是热风加温。炉火加温是保护地内最常用的加温方法,燃料燃烧产生的热量通过辐射和对流方式来提高室温,这种加温方式的缺点是燃料利用率低,只有 30%左右,且温室受热不均匀。采用炉火加温时应铺设烟道,特别要注意避免烟道漏烟。热风加温克服了炉火加温方式受热不均匀的缺点,而且具有升温快、操作容易等优点。国内主要采用燃煤热风炉加温,而国外则采用燃油炉加温。热量经鼓风机从暖风炉中鼓出,从风筒中经过时将热量释放出去。

图 5-13 日光温室中利用炉火加温

放风不仅能够降低棚室中温度和空气相对湿度，也能够给棚室中带来新鲜空气，增加棚室中氧气和二氧化碳的含量。日光温室放风时，应尽量先在温室顶部放风(图 5-14)，在放顶风不能解决问题的情况下，再在腰部放风(图 5-15)或底部放风(图 5-16)。塑料大棚在棚的腰部或底部放风。

图 5-14　日光温室顶部放风

图 5-15　日光温室腰部放风

图 5-16　日光温室底部放风

降低棚室内空气相对湿度的重要措施是覆盖地膜和采用膜下滴灌的灌溉方式(图 5-17)。

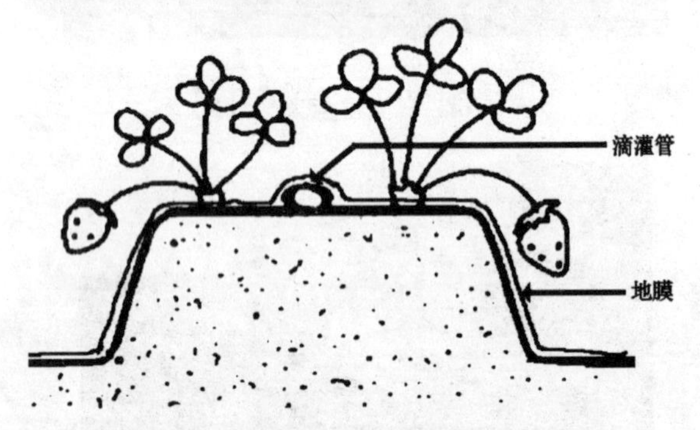

图 5-17　膜下滴灌

在果实成熟期,可以通过晚放草帘和晚关风口来降低棚室的夜温,从而提高草莓果实品质。

2. 温湿度管理指标

根据草莓生长发育时期进行温湿度管理，扣棚后棚室中温湿度管理指标如下。

(1)现蕾前 扣棚后至现蕾前进行高温、高湿管理，白天温度不超过30℃就不放风降温；夜间保持在12℃～18℃。这样的温湿度条件可以防止草莓植株进入休眠，保证草莓植株快速生长，提早开花。在南方地区，塑料大棚内如果由于高温而干燥，可白天向草莓叶片喷洒清水。

(2)现蕾期 草莓植株现蕾后停止高温、高湿管理，白天温度保持在25℃～28℃，夜间8℃～12℃。

(3)开花期 白天温度保持在22℃～25℃，空气相对湿度应控制在40%～50%，以利于花粉散出和花粉发芽；夜间8℃～10℃。开花期注意预防低温伤害，若经历－2℃以下的低温，会出现雄蕊花药变黑、雌蕊柱头变色现象，从而不能正常授粉、受精，严重影响草莓前期产量。

(4)果实膨大期和成熟期 白天温度保持在20℃～25℃，空气相对湿度应控制在50%以下；夜间5℃～10℃。此期温度过高，果实膨大受影响，造成果实着色快，成熟早，但果实个小、品质差。

(六)光照管理

光照不足一直是草莓促成栽培中的一个重要问题。冬季日照时间短，而揭放草帘进行保温更引起日光温室内日照时间的不足。棚膜表面吸附灰尘后降低透光率，造成温室内光照强度不足，影响叶片的光合作用，从而影响植株的生长发育。长日照对于维持草莓植株的生长势非常重要，为了维持草莓植株后期的生长势，生产上采用电灯照射补光的方法来延长光照时间(图 5-18),具体做法是:每 667 米^2 安装 100 瓦白炽灯泡 40～50 个,在 12 月上旬至 1 月下旬期间,每天放帘子后补光至晚上 10 时或者在夜间补光 3 小时。

图 5-18 夜间电灯照射补光

在后坡、后墙内侧挂反光幕以及墙上涂白等方法可以增强日光温室内的光照强度,提高草莓植株的光合效率。

(七)水肥管理

草莓植株在日光温室中生长周期加长,对水分和肥料需要较多,因此要不断地供给充足的水分和养分,否则会引起植株早衰而造成减产。

在生产上判断草莓植株是否缺水不仅要看土壤是否湿润,更重要的是要看植株叶片边缘是否有吐水现象(图 5-19),如果叶片没有吐水现象,说明应该灌溉。草莓促成栽培不宜采取大水漫灌的灌溉方式,因为大水漫灌容易增大温室内空气湿度,引发病害;同时还会造成土壤升温慢,延迟植株生长发育进程。因此，草莓促成栽培必须采用膜下灌溉的方式，最好采用膜下滴灌。采用滴灌，可以使植株根茎部位保持湿润，有利于植株生长，不仅节约了用水量，还可防止土壤温度过低。采用滴灌也便于利用施肥罐来追肥(图 5-20)。

图 5-19　草莓叶片吐水现象

图 5-20　与滴灌设备配套的追肥施肥罐

草莓促成栽培，除了在定植前施入基肥外，在整个植株生长期还要及时追施肥料以补充养分的不足。一般追肥与灌水结合进行，每次追施的液体肥料浓度以0.2%～0.4%为宜，注意肥料中氮、磷、钾的合理搭配。追肥时期分别是：第一次追肥是在植株顶花序现蕾时，此时追肥的作用是促进顶花序生长；第二次追肥是在顶花序果实开始转白膨大时，此次追肥的施肥量可适当加大，施肥种类以磷、钾肥为主；第三次追肥是在顶花序果实采收前期；第四次追肥是在顶花序果实采收后期。以后每隔15～20天追肥1次。

（八）赤霉素处理

在草莓促成栽培中喷洒赤霉素（九二〇、GA_3）可以防止植株进入休眠，促使花梗和叶柄伸长生长，增大叶面积，促进花芽发育。赤霉素在草莓促成栽培中也发挥重要作用，它在花蕾显露时施用效果好。赤霉素的处理时间以保温后1周为宜，使用浓度为5～10毫克/升，使用量为5毫升/株，要把药液喷在苗心，而不要喷在叶片上（第三章图3-19）。对于休眠浅、长势强的草莓品种，如丰香，喷施1次即可；对于休眠略深、生长势弱的品种，可以喷施2次，间隔时间为1周。喷施剂量、浓度应严格掌握，过多施用，易发生徒长、坐果率下降，并影响根系生长（图5-21）；施用浓度低起不到应用效果。喷施效果与温度关系较密切，喷施赤霉素的时间以阴天或晴天傍晚时为宜，避免在午间高温时喷施。植株喷施赤霉素后若出现徒长迹象，可以通过放风来降低温度，以减轻赤霉素的药效。

（九）植株管理

从定植到采收结束，促成栽培草莓植株的生长发育时期

图 5-21　赤霉素剂量合适(1)与过量(2)示意图

很长。在此期间,植株一直进行着叶片和花茎的更新,为保证草莓植株处于正常的生长发育状态,具有合理的花序数,要经常进行植株管理工作。

1. 摘除老叶、病叶

随着时间的推移,草莓植株上的叶片会逐渐发生老化和黄化,呈水平生长状态。叶片是光合作用的场所,但是病叶和黄化老叶制造的光合产物还抵不上自身的消耗,而且叶片衰老时也容易发生病害。因此,在新生叶片逐渐展开时,要定期去掉病叶和黄叶、老叶(图 5-22),以减少草莓植株养分消耗,

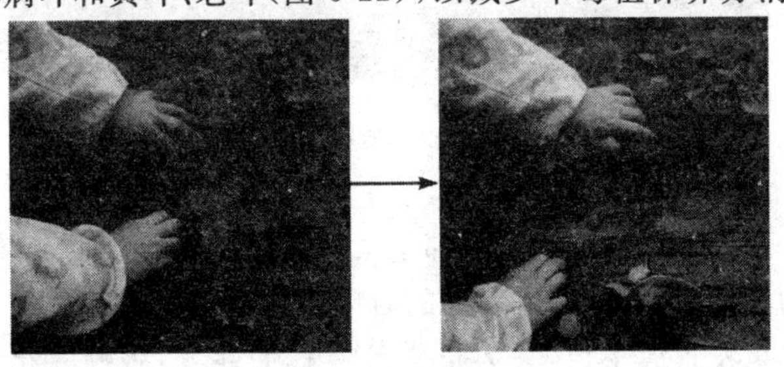

图 5-22　摘除草莓老叶、病叶

改善植株间的通风透光情况和减少病害。摘叶不能过度，否则会影响植株的生长，每株草莓应保留 6 片以上叶片。

2. 掰　芽

促成栽培的草莓植株生长较旺盛，易出现较多的腋芽(侧芽)，这会引起养分分流，减少大果率和产量，所以要将多余的腋芽掰掉。方法是在顶花序抽生后，每个植株上选留 1～2 个方位好且粗壮的新茎，其余全部掰除(图 5-23)，以后再抽生的腋芽也要及时掰除。

图 5-23　草莓掰芽

3. 摘除匍匐茎

草莓的匍匐茎和花序都是从植株叶腋间长出的分枝，其植物学位置相同，只是发生的时间有先后之别。抽生的匍匐茎如果发育成子苗，会大量消耗母株的养分，影响腋花芽分化，从而降低产量，因此在植株的整个发育过程中要及时摘除匍匐茎(图 5-24)。

图 5-24 摘除匍匐茎

4. 花序整理

草莓花序属二歧聚伞花序或多歧聚伞花序，花序上高级次花分化得较差，所结果实较小，对产量形成的意义不大。因此要进行花序整理以合理留用果实，一般生产上每个花序留果实 7～12 个。果实成熟期，花序会因果实太重而伏地，易引起灰霉病及其他病害发生，造成烂果。因此，生产上常在垄两端分别立一小棒，在棒上系绳子将花序扶起，从而增加花序的通风透光，这样做可大大减少病果、烂果的发生。此外，结果后的花序要及时去掉，以促进新花序的抽生。

(十)辅助授粉

授粉对于提高草莓果实的商品率、减少无效果比例、降低畸形果数量是很重要的。虽然草莓属于自花授粉植物，但通过异花授粉可大大提高坐果率，保证丰产。目前生产上推广使用蜜蜂辅助授粉技术。蜜蜂的活动温度是 18℃～30℃，而草莓花期的棚室温度控制在 20℃～25℃，两者十分相近，因此可以利用蜜蜂对温室内的草莓进行授粉(图 5-25)，提高坐果率。一般每 667 $米^2$ 的日光温室放 1～2 箱蜜蜂，蜜蜂总数在 1 万～2 万只，保证 1 株草莓有 1 只以上的蜜蜂授粉。

蜂箱应在草莓开花前 1 周放入温室中，以便使蜜蜂能更

图 5-25 蜜蜂给草莓花朵授粉

好地适应温室中的环境。蜂箱距地面 50 厘米(图 5-26)。蜜蜂不能生活在湿度太大的环境中,因此白天要注意放风排湿,

图 5-26 蜜蜂箱放置方式

放风时要在放风口处罩上纱网，防止蜜蜂飞出。在打药或使用烟熏剂时，要关闭蜂箱口，并将蜂箱暂时搬到别处，隔3～4天后再搬进棚室，以免农药对蜜蜂造成伤害。在花少时，要加强饲喂，将白糖与清水以1∶1的比例混合熬制，冷却后饲喂蜜蜂。

在没有蜜蜂的情况下可以进行人工辅助授粉，即每天上午10时以后，用毛笔在开放的花上涂几下，使开裂花药中的花粉均匀洒落到整个花托上。这种人工辅助授粉的方法授粉充分，但费工费时。在一些草莓老产区，有的农户在草莓开花期用扇子扇植株上的花朵进行辅助授粉，可大大节省人工，效果也比较好。

（十一）施用二氧化碳

近年来，在日光温室中施用二氧化碳（CO_2）气体肥料的做法越来越引起人们的关注。CO_2是光合作用的原料，大气中的浓度约为330毫克/升，基本可满足光合作用的需要。据测定，在密闭条件下，日光温室内CO_2浓度有时能降到70毫克/升，远远不能满足光合作用的需要。因此在日光温室内施用CO_2可以增强草莓植株的生长势，增加产量，提高草莓果实品质。日光温室中CO_2日变化规律为：日出前CO_2浓度最高，揭帘后随着光合作用的逐渐加强，CO_2浓度急剧下降，近中午时已经严重亏缺，放帘子后又逐渐升高。虽然可以通过通风换气使日光温室中的CO_2得以补偿，但在寒冷冬季不可能总以此种方法来补偿CO_2，因此人工施用CO_2显得尤为重要。

目前提高日光温室内CO_2浓度的方法有以下几种：①增施有机肥。增施有机肥是增加日光温室内CO_2浓度的有效措施，因为土壤微生物在缓慢分解有机肥料的同时会释放

大量的 CO_2 气体。②使用贮藏在钢瓶中的液态 CO_2。③放置干冰。干冰是固体形态的 CO_2。将干冰放入水中使之慢慢气化或在地上开 2～3 厘米深的条状沟,放入干冰并覆土。这种方法具有所得 CO_2 气体较纯净、释放量便于控制和使用简单的优点。④化学反应施肥法。主要是强酸与碳酸盐进行化学反应,产生碳酸,而碳酸的化学性质不稳定,在低温条件下也能分解为二氧化碳和水。目前推广的主要是用稀硫酸和碳铵反应法。⑤动物呼吸法。养殖、种植一体化生产中,棚室与养殖区直接相连,养殖对象(猪、牛等)呼出的 CO_2 直接进入棚室,从而提高棚室 CO_2 浓度。此外,还可以利用煤炭、液化石油燃烧产生 CO_2 来补偿日光温室中 CO_2 的亏缺。

二、草莓半促成栽培技术

草莓半促成栽培在我国许多地区都比较常见,特别是在沈阳市周边,日光温室半促成栽培草莓的面积很大。由于半促成栽培是在草莓植株的自然休眠通过之前开始保温,所以何时开始升温显得尤为重要。如果保温过早,则植株经历的低温量不足,升温后植株生长势弱、叶片小、叶柄短、花序也短,抽生的花序虽然能够开花结果但所结果实小而硬,种子外凸,既影响产量,又影响品质;若保温过晚,草莓植株经历的低温量过多,植株会出现叶片薄、叶柄长等徒长症状,而且发生大量匍匐茎,消耗大量养分,不利于果实的发育。

在我国北方地区,利用日光温室进行草莓半促成栽培,冬季不用加温,所以生产成本较低,效益也较好。与促成栽培相比,半促成栽培草莓植株的生长发育时期相对较短,因此病虫害发生也较轻,管理也相对容易。

(一)品种选择

通过近几年的栽培生产实践来看,全明星、新明星、达赛莱克特、宝交早生等品种比较适合进行半促成栽培,见第一章棚室草莓品种选择部分。

(二)土壤消毒及整地做垄

为了防止重茬后黄萎病、根腐病、革腐病等土传病害发病,确保优质、丰产,在定植前要实施棚室土壤消毒。具体的消毒方法见第五章草莓病虫害防治原则和方法部分。我国北方地区,半促成栽培草莓的生产苗定植较早,所以土壤消毒应提早进行,在7月末至8月上旬完成。

土壤消毒后平整土地,每667米^{2}施入腐熟的优质农家肥5 000千克和氮磷钾复合肥50千克(在利用太阳热进行土壤消毒时也可以加入农家肥,通过高温使农家肥充分腐熟),然后做成大垄。在日光温室中,大垄一般是南北走向;在塑料大棚中,大垄走向与大棚走向相同。大垄规格是:垄面上宽50～60厘米,下宽60～70厘米,高约25厘米,垄沟宽达20厘米(图5-27)。

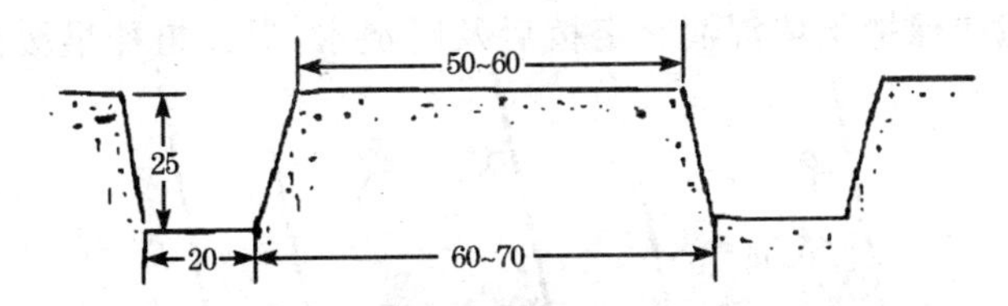

图5-27 半促成栽培草莓定植大垄截面图 (单位:厘米)

(三)苗木准备和定植

由于草莓半促成栽培通常不需要花芽提早分化,所以目前生产上一般定植非假植的匍匐茎苗,但是为了保证生产苗的健壮且均匀一致,应该在育苗期间进行苗床假植。

半促成栽培草莓的定植时期主要与地区有关。在我国北方地区,通常在草莓花芽分化前定植半促成栽培的生产苗,辽宁地区一般在8月中旬,华北地区一般在8月下旬;在我国南方地区,通常在草莓花芽分化后定植生产苗,江浙一带以10月下旬为宜,再往南可稍后定植。

花芽分化前定植的草莓生产苗应达到二级以上标准,即具有3片以上的展开叶片,新茎粗度0.8厘米以上,根系较发达。花芽分化后的草莓生产苗应达到壮苗标准,即具有5～6片展开的叶片,叶片大而厚,叶色浓绿,新茎粗度1.2厘米以上,根系发达,全株鲜重30克以上,无明显病虫害。

定植的深度要求“上不埋心、下不露根”。定植时植株弓背朝向垄沟(图5-5),这样花序全部排列在垄沿上,有利于疏花疏果和果实采收。

采取大垄双行的定植方式,植株距垄沿10厘米,株距15～18厘米,小行距25～30厘米(图5-28),每667米^{2}用苗量8 000～11 000株。一般在晴天傍晚或阴雨天进行定植,定植时应保持土壤湿润。定植后及时浇水,保证植株早缓苗。

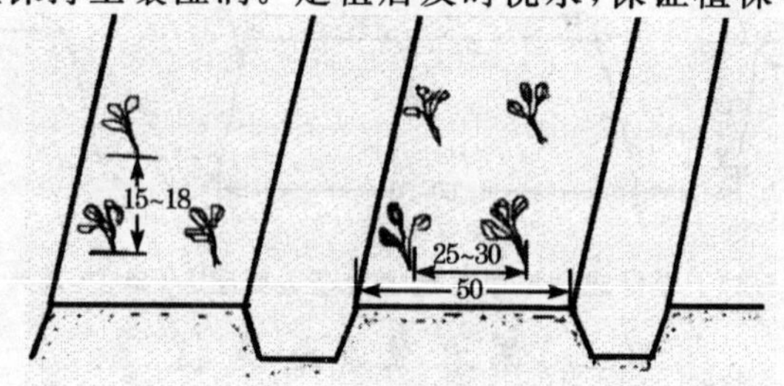

图5-28 半促成栽培草莓大垄定植株行距示意图 (单位:厘米)

定植后 1 周内每天早晨和傍晚各浇水 1 次，有条件的要适当遮荫。

(四)升温前管理

1. 日光温室的升温前管理

加强肥水管理，使植株根系迅速扩大，植株生长健壮。及时摘除抽生的匍匐茎和老叶、干叶，操作方法见本章促成栽培技术的植株管理部分。11 月中旬将棚膜扣上，在棚膜上加 1 层 5～8 厘米厚的草帘，并用防风绳将其固定。扣棚后的 1 个多月内不揭放草帘，使温室内的植株进入自然休眠。扣棚前浇 1 次封冻水。如果在 10 月份过早覆盖棚膜，草莓植株难以进入休眠，升温后表现徒长(图 5-29)。

图 5-29　过早扣棚膜引起草莓植株徒长

2. 塑料大棚的升温前管理

植株成活后田间应经常保持湿润，隔 10 天左右浇水 1 次；每 667 米^2 施氮磷钾复合肥 15 千克，行间撒施，结合松土和灌水进行。气温降到0℃以下(大约12月下旬),要进行植株的越冬保护工作,有2种方法:第一种是搭建小拱棚,然后将遮光率较低的遮阳网扣在小拱棚上;第二种方法是用稻草对植株进行全面覆盖,厚度为8~10厘米。

(五)升温后管理

1. 升温时期和方法

我国北方地区的日光温室半促成栽培草莓在12月中旬至1月上旬开始升温,休眠较浅的品种,应该早升温;而休眠较深的品种,则晚升温。保温效果好的日光温室可比保温效果差的日光温室提早10天升温。日光温室通过白天揭草帘、晚上放草帘来升温。

我国南方地区的塑料大棚半促成栽培草莓一般在1月上中旬通过休眠,因此可以在1月上中旬开始扣棚保温。但是1月份至2月上旬是我国南方最严寒的季节,因此这个时期进行保温,应该采用多重覆盖。

2. 地膜覆盖

在升温后20~30天时覆盖地膜。有2种覆盖地膜的方法:第一种方法与促成栽培一样,盖膜后立即破膜提苗,地膜展平后,立即浇水,这也是棚室最常见的覆膜方法,采用这种方式覆膜,草莓植株比较矮壮;第二种方法是先将白色地膜覆盖在草莓植株上大约10天,然后破膜提苗(图5-30)。白色地膜覆盖在草莓植株上后,创造出高温、高湿的小环境,有利于植株解除休眠,快速生长,但是植株比较细弱。第二种覆盖地膜方式目前主要在北方日光温室半促成栽培中使用。

3. 赤霉素处理

在草莓半促成栽培中喷洒赤霉素可以加快植株打破休

图 5-30　白色地膜在草莓植株上覆盖 10 天后破膜提苗

眠，进而促进开花结果。赤霉素的处理时期是升温后植株开始生长时，浓度为 5～10 毫克/升，使用量为 5 毫升/株，要把药液喷在苗心，而不要喷在叶片上，见第三章图 3-19。

4. 温湿度管理

升温后的温度管理指标如下：前 10 天采取高温管理，以提早打破休眠，温度达到 35℃时开始放风；升温 10 天后至现蕾前，白天温度达到 30℃时放风降温；现蕾期，白天温度保持在 25℃～28℃，夜间 8℃～12℃；开花期，白天温度保持在 22℃～25℃，夜间 8℃～12℃；果实膨大期和成熟期，白天温度保持在 18℃～22℃，夜间 5℃～12℃。

从现蕾期开始尽可能降低棚室内的空气相对湿度，以减少病害发生。开花期，温室内的湿度应控制在 40%～50%。

5. 水肥管理

沟渠灌溉（图 5-31）是目前草莓半促成栽培的常用灌溉方式，但沟渠灌溉增加棚室内空气相对湿度，容易引发病害，同时还会造成土壤升温慢，延迟植株生长发育进程。因此，日光温室半促成栽培应该采用膜下灌溉的方式，最好采用膜下滴灌。采用滴灌，可以使植株根茎部位保持湿润，利于植株生长，而且既节约了用水量又可防止土壤温度过低。

图 5-31　日光温室中的沟渠灌溉方式

升温后灌 1 次透水，以加快草莓植株的生长和现蕾，以后灌水总体上做到“湿而不涝，干而不旱”。果实膨大期对水分要求很高，应经常检查土壤是否缺水，时而干燥时而潮湿会导致果实品质变劣、产量下降。

在整个植株生长期要及时追施肥料以补充养分的不足，追肥与灌水结合进行。第一次追肥是在地膜覆盖前，可采用打眼施肥的方法，每株施草莓专用氮磷钾复合肥 2 克，施肥后立即灌透水。第二次追肥是在植株顶花序现蕾时，冲施 0.2%～0.4%的氮磷钾复合肥。第三次追肥是在顶花序果实开始转白膨大时，肥料以硫酸钾为主，施用量为 5 千克/667 米^2。第四次追肥是在顶花序果实采收期，肥料仍以钾肥为主，施用量为 5 千克/667 米^2。第五次追肥是在腋花序果开始膨大时，肥料仍以钾肥为主，施用量为 5 千克/667 米^2。

6. 植株管理

参见本章草莓促成栽培技术植株管理部分。

7. 辅助授粉

参见本章草莓促成栽培技术辅助授粉部分。

三、草莓塑料拱棚早熟栽培

草莓塑料拱棚早熟栽培是我国北方地区草莓栽培的一种重要形式,其特点是:①在草莓植株已经完全通过自然休眠后开始保温,促使草莓提早开花结果,比露地栽培的草莓提早20～30天成熟,效益较好;②拱棚以竹片、木杆等做骨架,结构简单,建成样式多,投资少,见效快;③塑料拱棚早熟栽培是在露地栽培基础上发展起来的一种栽培方式,对草莓的休眠、花芽分化问题不必过多考虑,生产技术相对简单。

根据拱棚的大小,草莓塑料拱棚栽培分为3种类型,分别是大拱棚草莓早熟栽培、中拱棚草莓早熟栽培和小拱棚草莓早熟栽培,其中大拱棚早熟栽培和中拱棚早熟栽培目前在生产上应用得较广。下面以辽宁地区的塑料大拱棚早熟栽培为例说明草莓早熟栽培技术和管理特点。

(一)品种选择

目前适合我国北方地区草莓早熟栽培的品种主要有全明星、新明星、卡尔特1号、爱尔桑塔、北辉等,见第一章棚室草莓品种选择部分。

(二)土壤消毒及整地做垄

土壤消毒的具体方法参见第七章草莓病虫害防治原则和方法部分。土壤消毒应提早进行,在7月末至8月初完成。

土壤消毒后平整土地,每667米^{2}施入腐熟的优质农家肥 3 000～5 000 千克和氮磷钾复合肥 50 千克，然后做成大垄。大垄规格是：垄面上宽 50～60 厘米，下宽 70～80 厘米，垄沟宽 20 厘米，垄高 25～30 厘米(图 5-32)。生产上也有平畦栽植的，畦宽约 1 米，每畦栽植 4 行草莓(图 5-33)。

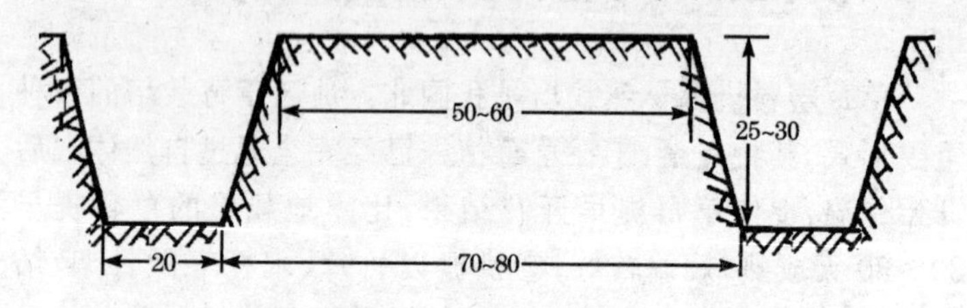

图 5-32　早熟栽培草莓大垄定植截面图　(单位：厘米)

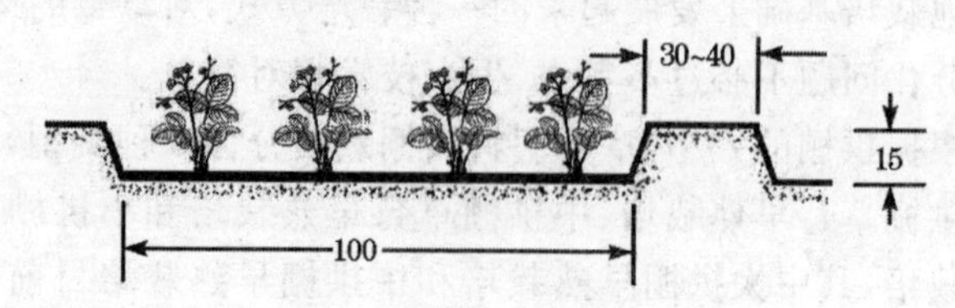

图 5-33　早熟栽培草莓平畦定植　(单位：厘米)

(三)苗木准备和定植

以非假植的匍匐茎苗作为早熟栽培的生产用苗，在 8 月中下旬定植。定植的匍匐茎苗应达到二级以上草莓苗标准，即具有 3 片以上的展开叶片，新茎粗度 0.8 厘米以上，根系较发达。定植的深度要求"上不埋心、下不露根"，参见第三章图 3-17。

垄栽采取大垄双行的定植方式，植株距垄沿 10 厘米，株距 15～18 厘米，小行距 25～30 厘米(图 5-28)，每 667 米^2 用苗量为 8 000～10 000 株。平畦定植 4 行，株距 15～18 厘米，行距 20 厘米。一般在晴天傍晚或阴雨天进行定植，定植时应保持土壤湿润，定植后及时浇水，保证植株早缓苗，定植后1周内每天早晨和傍晚各浇水1次，有条件的要适当遮荫。

（四）扣　棚

生产上有晚秋扣棚和早春扣棚2种形式。晚秋扣棚是在11月上旬进行扣棚，同时在垄上盖地膜，草莓植株进入越冬阶段。早春扣棚是在2月上中旬进行，扣棚后进入升温阶段。

（五）防　寒

对于早春扣棚的栽培方式，冬季来临之前要进行越冬防寒。土壤封冻前要浇1次透水，然后在垄上盖上地膜，地膜上覆盖10厘米厚的稻草或秸秆。风比较大的地区要在拱棚四周围1层草帘，既防止大风吹坏拱棚，又起到一定的保温作用。

（六）升温后管理

早春随外界气温的逐渐升高，可分批除去防寒稻草，然后破膜提苗，清除老叶、枯叶。

拱棚升温后植株就转入正常的生长发育阶段，这时要及时浇水。在现蕾时和果实开始转白膨大时要进行追肥。现蕾期以追施氮肥为主，每667米^{2}施15～20千克；果实膨大期以追施钾肥为主，每667米^{2}施5千克。追肥与灌水结合进行。

塑料拱棚内白天最高温度控制指标是：萌芽期28℃，花期25℃，果实成熟期22℃。超过上述温度指标要及时放风降温。塑料大拱棚的放风方法有2种，一种是开门放风（图5-34），另一种是拱棚两侧底角放风（图5-35）。早春夜间温度低，晚间要将拱棚风口合严。若遇突然降温天气或霜冻，可在拱棚附近点若干堆火，利用烟熏以减少不良环境条件对草莓植株造成的伤害。当夜间气温稳定在7℃以上时，小拱棚可以撤掉。

图 5-34 塑料拱棚开门放风

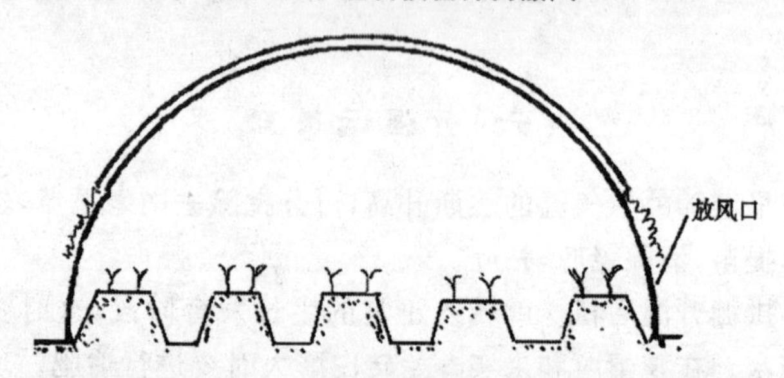

图 5-35 塑料拱棚底角放风示意图

升温后的植株管理主要是：①去老叶、病叶；②摘除匍匐茎；③花果量特别多的品种要适当疏花、疏果。具体操作方法见本章草莓促成栽培技术植株管理部分。

第六章　草莓的采收、包装和运输

一、草莓果实的采收

采收是草莓生产中的最后一个环节，同时也是影响产品销售及贮藏的关键环节。草莓浆果柔嫩多汁，采收、运输过程中极易损伤和腐烂，不耐贮运，所以多随采随销。草莓采收的原则是及时而无伤害，保证质量，减少损失。

（一）采收标准

草莓果实一定要在适宜的成熟度时采收，采收过早，达不到草莓应有的风味和品质；采收过晚，浆果变软，不耐运输。根据季节、用途、包装运输方式来确定草莓采收时的成熟度。对于鲜食用果，在12月份至翌年2月份，在果面着色达90%时采收；在3～6月份，在果面着色达70%～80%时采收。供加工果酒、果汁、果酱用的果实，在充分成熟时采收。供制糖水罐头用的果实，在果面着色达80%时采收。对于采后直接进行小包装（每盒250～1 000克）的草莓果实和采取冷藏运输的草莓果实，果实成熟度可略高。

（二）采收前准备

果实采收前要做好采收、包装准备。采收用的容器要浅，底部要平，内壁光滑，内垫海绵或其他软的衬垫物。通常用高度约10厘米的塑料盒作为采收草莓的容器（图6-1）。

图 6-1　用于草莓果实采收的塑料盒

（三）采收时间和方法

果实的采收时间对采后处理、保鲜、贮藏和运输都有很大的影响。在生产中，果实采收最好在一天内温度较低的时间进行，最好在上午 8:00～9:30 期间采收，也可以在凌晨采收。中午前后气温升高，果实变软，很容易在采收搬运过程中碰伤果皮，引起腐烂变质，严重影响商品价值。先开花的草莓果实先成熟，因此应分次分批采收，一般每日或隔天采收 1 次。

草莓果皮非常薄，易受伤破损，作为鲜销的草莓浆果必须采用人工采收的方法。采收时用拇指和食指掐断果柄（图 6-2），将果实轻轻放在采收容器中，摆放 2～3 层，层数过多容易造成底部果实压伤。采摘过程中必须轻拿、轻采、轻放，注意尽量减少机械损伤，不要硬拉，以免拉下果序和碰伤果皮，影响产量和质量。每次采摘时必须将适度成熟果全部采净，以免延至下次采收时由于过熟造成腐烂。采摘的果实要求果柄短，不损伤花萼，无病虫害。

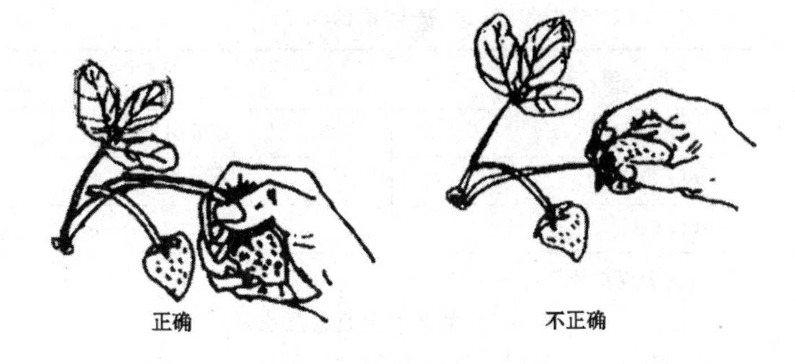

图 6-2 草莓的采收方法

(四)分 级

1. 无公害草莓果实卫生标准

无公害草莓果实的卫生标准应符合表 6-1 的规定。

对符合无公害卫生标准的草莓果实要进行分级包装，草莓果实的感官品质分级按照表 6-2 的指标执行，草莓果实的内在品质指标参见表 6-3。

表 6-1 无公害食品草莓卫生指标 (毫克/千克)

(摘自中华人民共和国农业行业标准

《NY 5103—2002 无公害食品 草莓》)

项 目	指 标
乐果(dimethoate)	≤1.0
辛硫磷(phoxim)	≤0.05
杀螟硫磷(fenitrothion)	≤0.5
氰戊菊酯(fenvalerate)	≤1.0
多菌灵 (carbendazol)	≤0.5
砷(以 As 计)	≤0.5

续表 6-1

项　目	指　标
汞(以 Hg 计)	≤0.01
铅(以 Pb 计)	≤0.2
镉(以 Cd 计)	≤0.03

注:凡国家规定禁用的农药,不得检出

表 6-2　草莓的感官品质指标

(摘自中华人民共和国农业行业标准《NY/T 444—2001　草莓》)

<table>
<tr><th colspan="2" rowspan="2">项　目</th><th colspan="4">等　级</th></tr>
<tr><th>特　级</th><th>一　级</th><th>二　级</th><th>三　级</th></tr>
<tr><td colspan="2">外观品质基本要求</td><td colspan="4">果实新鲜洁净,无异味,有本品种特有的香气,无不正常外来水分,带新鲜萼片,具有适于市场或贮藏要求的成熟度</td></tr>
<tr><td colspan="2">果形及色泽</td><td colspan="4">果实应具有本品种特有的形态特征、颜色特征及光泽,且同一品种、同一等级不同果实之间形状、色泽均匀一致</td></tr>
<tr><td colspan="2">果实着色度</td><td colspan="4">≥70%</td></tr>
<tr><td rowspan="2">单果重(克)</td><td>中小果型品种</td><td>≥20</td><td>≥15</td><td>≥10</td><td>≥6</td></tr>
<tr><td>大果型品种</td><td>≥30</td><td>≥25</td><td>≥20</td><td>≥15</td></tr>
<tr><td colspan="2">碰压伤</td><td colspan="4">无明显碰压伤,无汁液浸出</td></tr>
<tr><td colspan="2">畸形果实(%)</td><td>≤1</td><td>≤1</td><td>≤3</td><td>≤5</td></tr>
</table>

表 6-3 草莓内在品质理化指标

(摘自中华人民共和国农业行业标准《NY/T 444—2001 草莓》)

项目	允许值	品种
可溶性固形物(%)	≥9	丰香、硕丰、明宝、幸香、枥乙女
	≥8	星都一号、星都二号、达赛莱克特、宝交早生、哈尼、鬼怒甘、三星
	≥7	全明星、戈雷拉、弗杰尼亚、玛丽亚、安娜、爱尔桑塔、红手套
	≥6	图得拉
总酸量(%)	1.3～1.6	星都一号、星都二号、玛丽亚、鬼怒甘
	1.0～1.3	硕丰、达赛莱克特、爱尔桑塔、全明星、哈尼、三星
	0.7～1.0	戈雷拉、弗杰尼亚、丰香、宝交早生、明宝、安娜、图得拉、红手套
果实硬度(千克/厘米^2)	≥0.6	埃尔桑塔、全明星、安娜、哈尼、玛丽亚、鬼怒甘、弗杰尼亚、图得拉、硕丰
	≥0.4	星都一号、宝交早生、达赛莱克特、戈雷拉、红手套、三星、星都二号
	≥0.2	丰香、明宝

注:未列入的其他品种,可根据品种特性参照表内近似品种的规定

2. 草莓分级标准

采收时应按果实大小进行分级,剔除病、劣果,机械损伤果,按成熟度和果实大小进行严格分级,可根据品种、单果重、色泽、果形、果面机械损伤程度等进行。目前各地较多采用的分级标准如下:一级果 15 克以上,二级果 10 克以上,三级果

6 克以上，等外果 6 克以下。等外果包括畸形果、干尖果、烂次果、僵死果和过熟果，等外果不能上市。

二、草莓果实的包装

（一）包装的作用

草莓包装是标准化、商品化、保证安全运输和贮藏的重要措施。对草莓进行合理的包装，才能在运输途中保持良好的状态，减少因互相碰撞、挤压而造成的机械损伤，减少水分蒸发，避免腐烂变质。包装可以使果实在流通中保持良好的稳定性，为市场交易提供标准的规格单位，免去销售过程中的产品过秤，便于流通过程中的标准化。所以，适宜的包装对提高商品质量和信誉是十分有益的。发达国家为了增强商品的竞争力，特别重视产品的包装质量。

（二）包装的种类和规格

草莓的包装容器应具备保护性、通透性、防潮性、清洁、无污染、无有害化学物质。另外，需保持容器内壁光滑，容器还需符合食品卫生要求、美观、重量轻、成本低、易于回收。包装外应注明产品名称、等级、净重、产地、生产单位及无公害食品（或绿色食品、有机食品）标志等。标志上的字迹应清晰、完整、准确。

草莓果实的包装分为外包装和内包装。内包装采用符合食品卫生要求的透明塑料小包装盒（图 6-3）、防水纸盒、塑料泡沫盒（图 6-4）或小木盒，每盒装草莓 200～1 000 克。外包装采用纸箱或塑料周转箱，外包装应坚固耐用、清洁卫生、干

图 6-3　透明塑料盒包装草莓

图 6-4　泡沫盒包装草莓

燥、无异味。一般每个外包装箱装 4 小盒草莓，也可根据市场需求自行确定。为防止果实在运输过程中受振荡和相互碰撞，可以在内包装底部放海绵、纸等衬垫物。

(三)果实的预冷

预冷是将采收的新鲜草莓在运输、贮藏或加工以前迅速除去田间热，将果实温度降低到适宜温度的过程。预冷可以减少果实的腐烂，最大限度地保持果实的新鲜度和品质。

草莓果实采收以后，高温对保持品质是十分有害的，特别是露地草莓收获时正值夏季，高温对果实的危害更大。所以，果实采收以后在贮藏运输前必须尽快除去田间热。预冷措施必须在产地采收后立即进行，这样才能保持果实的新鲜度和品质。

预冷的方式有多种，一般分为自然预冷和人工预冷。人工预冷中有冰接触预冷、风冷、水冷和真空预冷等方式。生产中以自然降温冷却和冷库空气冷却应用得较多。无论采用哪种方式预冷，都要掌握适当的预冷温度和速度，为了提高冷却效果，要及时冷却和快速冷却。冷却的最终温度在0℃左右，草莓冰点为-1.08℃～-0.85℃，所以冷却的最终温度不能低于-0.85℃。

自然降温冷却是最简单易行的预冷方法。它是将采后的果实放在阴凉通风的地方，使其自然散热。这种方式冷却的时间较长，受环境条件影响大。在没有更好的预冷条件时，自然降温冷却仍然是一种好方法。

冷库空气冷却是一种简单的预冷方法，它是将果实放在冷库中降温冷却。在堆码时包装容器间应留有适当的间隙，保证气流通过。

预冷后处理要适当，果实预冷后要在0℃～1℃温度下进行贮藏和运输，若仍在常温下进行贮藏运输，不仅达不到预冷的目的，甚至会加速腐烂变质。

三、草莓果实的运输

草莓果实皮薄、肉软、果汁多，在运输过程中，振动是经常出现的。剧烈的振动会给果实造成机械损伤；同时伤口容易引起病菌的侵染，造成果实的腐烂。所以，在果实运输过程中，应尽量避免振动或减轻振动。一般铁路运输的振动强度小于公路运输，海路运输的振动强度又小于铁路运输。运输时要做到轻装、轻卸，严防机械损伤。

温度和湿度是果实运输中的重要因素。随着温度的升高，果实的代谢速率、水分的消耗都会大大加快，影响果实的新鲜度和品质，温度过低会造成冷害，常温运输易受外界气温的影响，低温运输受环境温度的影响较小。所以，草莓果实最好使用冷藏车运输，运输过程中的温度宜保持在1℃～2℃，空气相对湿度保持在90%～95%。

第七章　草莓病虫害防治原则和方法

草莓病虫害防治要贯彻“预防为主，综合防治”的植保方针，主张以农业防治为基础，提倡进行生物防治、生态防治和物理防治，按照病虫害发生规律，科学使用化学农药的综合防治措施。

一、农业防治

（一）使用脱毒种苗及抗病虫品种

使用脱毒种苗是防治草莓病毒病的基础。另外，因地制宜地选用抗病虫性强的品种也是经济有效的防治病虫害措施。

（二）加强栽培管理措施

为了有效预防草莓病虫害的发生，在栽培管理上应做到以下几点：① 选择通风良好、排灌方便的地块栽植草莓，如果土壤黏重或土壤的 pH 值偏高或偏低，栽植前要进行土壤改良。②栽植密度要合理，不能过密栽植。施肥以有机肥为主，避免过量施氮肥。③起垄栽培，必须进行地膜覆盖。采用膜下灌水的灌溉方式，有条件的最好采用滴灌。④生长期清扫园地的枯蔓病叶，集中烧毁。发病初期发现染病的叶、花序、果及植株，要及时摘除，然后烧毁或深埋。对于棚室栽培，注意该项操作应在早晚进行，将采摘下的病叶等马上放入塑料袋中，密封后带出棚室外销毁。⑤在收获结束后，及时清理草莓秧苗和杂草，土壤深耕 40 厘米，借助自然条件，如低温、太阳紫外线等，杀死一部分土传病菌和虫卵。⑥避免连作，实行合理轮作、倒茬。

二、土壤消毒

目前最安全、无公害的方法是利用太阳热进行土壤消毒，具体做法是：将土壤深翻，灌透水，土壤表面覆盖一层地膜或旧棚膜，为了提高消毒效果，将用过的旧棚膜覆盖在棚室的骨架上，密封温室（图 7-1）。土壤太阳热消毒在 7、8 月份进行，利用夏季太阳热产生的高温（土壤温度可达 45℃～55℃）杀死土壤中的病菌和害虫，消毒的时间至少为 40 天。除了利用太阳热进行土壤消毒外，还可以利用溴甲烷等化学药剂进行消毒。由于溴甲烷等药剂毒性大，且溴甲烷是强致癌物质，所以用压力钢瓶装的药剂进行土壤消毒时，必须由专业人员来操作，以防发生药剂对人体的伤害。目前市场上有一次性马口铁听罐包装溴甲烷，使用较为安全方便。具体使用方法是：将土壤深翻，施好基肥，适当灌水，用竹竿在地上搭小拱棚，上

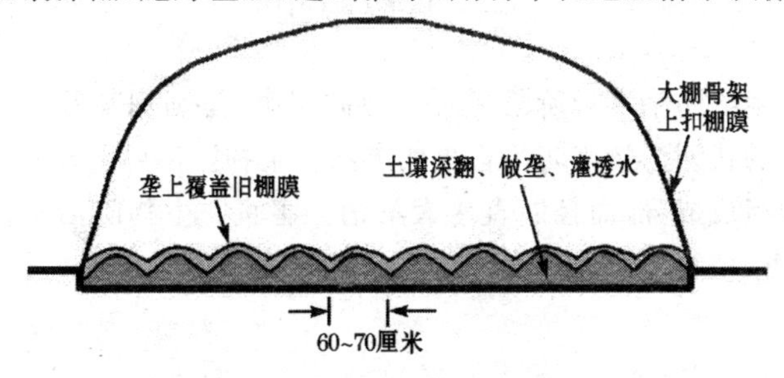

图 7-1　利用太阳热进行土壤消毒

覆地膜，注意密封。听装溴甲烷用量以20～50听/667米^{2}为宜，均匀摆放。使用方法见图7-2，将自制钉板与听装溴甲烷一起埋入地下，用手隔着薄膜用力下压罐体，使铁钉刺破罐底放出溴甲烷，然后人员马上撤离。熏蒸2～3天后，揭开薄膜通风14天以上，通风期间要注意防雨。由于溴甲烷是有毒气体，使用期间一定要注意不能在密封的大棚中做土壤消毒；通风期间严禁从事农业耕作；儿童及无关人员不得靠近消毒现场；正在消毒的地块要有明显标志。

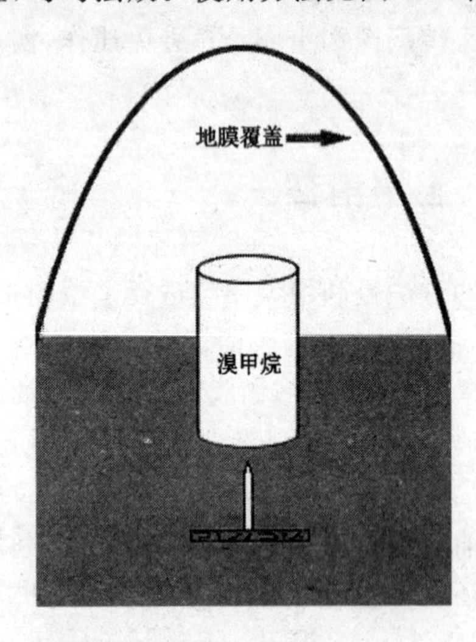

图7-2 听装溴甲烷使用方法

三、生物防治

生物防治在现阶段多用于控制虫害，是利用某些生物或生物的代谢产物来防治害虫的方法。生物防治可以改变害虫种群组成成分，而且能直接大量消灭害虫。生物防治不仅对人、畜、植物安全，也不会使害虫产生抗性。

四、生态防治

开花和果实生长期，加大放风量，将棚内湿度降至50%以下，可显著降低病害发生。

五、物理防治

物理防治是利用简单器械和各种物理因素来防治病虫害。目前可以采用的物理防治方法主要有捕杀、诱杀、阻隔、驱避、高温处理等几种方式。

六、化学药剂防治原则

在化学农药防治时，禁止使用高毒、高残留农药（表7-1），有限度地使用部分有机合成农药。设施栽培优先采用烟熏法、粉尘法，在干燥晴朗天气可喷雾防治，如果是在采果期，应先采果后喷药，同时注意交替用药，合理混用。

表 7-1　无公害草莓生产中禁止使用的化学农药种类

农药种类	名　称	禁用原因
无机砷	砷酸钙、砷酸铅等无机砷类制剂	高毒
有机砷	甲基胂酸锌、甲基胂酸铁铵、福美甲胂、福美胂等有机砷类制剂	高残留
有机汞	氯化乙基汞、醋酸苯汞等汞类制剂	剧毒、高残留
有机杂环类	敌枯双	致畸
氟制剂	氟乙酸钠、氟乙酰胺、甘氟	剧毒、高毒、易产生药害
有机氯	滴滴涕(DDT)、六六六、艾氏剂、狄氏剂、毒杀芬	高残留
卤代烷类	二溴乙烷、二溴氯丙烷	致癌、致畸
有机磷	甲胺磷、甲基对硫磷、对硫磷、久效磷、磷胺、甲拌磷、甲基异柳磷、特丁硫磷、甲基硫环磷、治螟磷、内吸磷、灭线磷、硫环磷、蝇毒磷、地虫硫磷、氯唑磷、苯线磷、氧化乐果、水胺硫磷	高毒
氨基甲酸酯	涕灭威、克百威、灭多威	高毒
二甲基甲脒类	杀虫脒	致癌
二苯醚类	除草醚、草枯醚	慢性毒性
铅　类	所有铅制剂	高毒
毒鼠药类	毒鼠强、毒鼠硅	剧毒

第八章　棚室草莓病虫害防治

一、草莓病害及防治

草莓白粉病

【症　状】 草莓白粉病是促成和半促成草莓栽培的主要病害，严重时可导致绝产。主要危害草莓叶、花、果梗和果实。在叶上发病初期，叶面上长出薄薄的白色菌丝层，随着病情加重，叶缘向上卷起，叶片呈汤勺状，上面发生大小不等的白色粉状物和暗色污斑。花蕾受害，花瓣不能正常开放，幼果不能正常膨大。果实后期受害，果面覆有一层白粉，果实失去光泽并硬化，失去商品价值(图 8-1)。草莓促成栽培的白粉病发病规律见图 8-2。

图 8-1　草莓白粉病

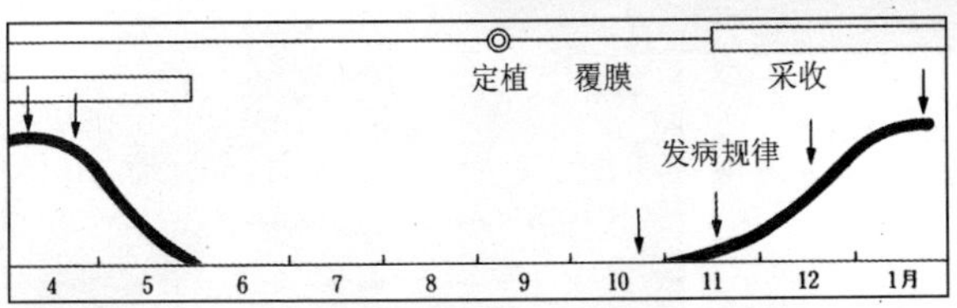

图 8-2　草莓促成栽培的白粉病发病规律（↓指示药剂防治时间）

【防治方法】 以预防为主。定植前，要彻底喷洒1次杀菌剂，喷布药剂要达到给苗"洗澡"的程度；定植后加强土、肥、水管理，增强植株长势；防止偏施氮肥，避免植株徒长；注意通风换气，降低湿度；发现中心病株后要及时清除病叶并集中烧毁；选用抗病品种；要定期使用硫黄悬浮剂进行预防。发病初期用12.5%腈菌唑乳油2000倍液，或20%粉锈宁可湿性粉剂1000倍液，或40%福星乳油8000倍液等喷雾防治，7～10天喷1次，连喷2～3次。

实践证明，硫黄熏蒸结合喷洒农药，防治草莓白粉病的效果很好。硫黄熏蒸具体的操作方法是：在傍晚，将硫黄粉放在硫黄熏蒸器上(图8-3)，通过电加热使硫黄变成气体挥发，密闭熏蒸几个小时。也可以自制简易的硫黄熏蒸器(图8-4)，即将硫黄粉放在金属器皿上，用小功率的电炉子加热，通过调节电炉子与盛放硫黄粉的金属器皿间的距离来达到适宜的加热效果，使硫黄粉只是挥发为气体，而不燃烧。在我国目前现有的温室条件下，夜间棚室内相对湿度偏高，硫黄熏蒸容易产生药害，所以使用时必须十分注意。

图8-3 悬挂在棚室中的硫黄熏蒸器

图8-4 自制的简易硫黄熏蒸器

草莓灰霉病

【症　状】 灰霉病是草莓的主要病害，一般可减产10%～30%，发病严重年份可减产50%。主要危害草莓叶、花、果梗和果实。在叶上发病时，产生褐色或暗褐色水渍状病斑，有时病部微具轮纹。干燥时病部褐色干腐，湿润时叶片背面出现乳白色茸毛状菌丝团。果实受害最初出现油渍状淡褐色小斑点，进而斑点扩大，全果变软，出现由病原菌分生孢子和分生孢子梗组成的灰色霉状物(图8-5)。草莓促成栽培的灰霉病发病规律见图8-6。

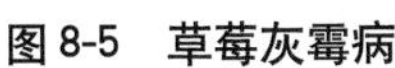

图8-5　草莓灰霉病

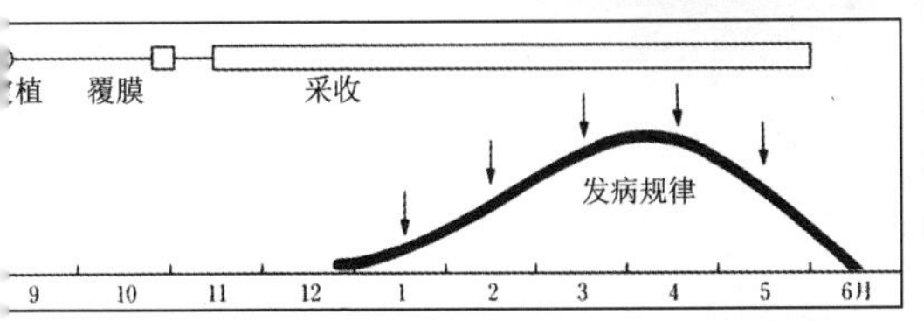

图8-6　草莓促成栽培的灰霉病发病规律(↓指示药剂防治时间)

【防治方法】 生长期清扫园地的枯蔓病叶并集中烧毁；发病初期及时摘除染病幼果和花序，集中烧毁或深埋；采用地膜覆盖，避免果实与潮湿土壤直接接触；起垄栽植，灌水时不要让水浸泡果实；不可偏施氮肥，防止徒长；注意排水和通风换气，避免湿度过大。棚室中灰霉病发生的主要时期在2～5月份，此期为棚室草莓果实大量成熟时期，只能采用烟剂熏蒸的方法防治，具体方法如下：每667米^{2}用20%速克灵烟剂80～100克，傍晚时候分散放置在棚室内，点燃后人员迅速撤离，密闭棚室，过夜熏蒸。其他时期喷雾防治选用50%农利灵可湿性粉剂800倍液，或50%速克灵可湿性粉剂1000倍液，或65%硫菌霉威可湿性粉剂1500倍液，7～10天喷1次，连喷2～3次。另外，将棚室温度提高到35℃闷棚2小时，然后放风降温，连续闷棚2～3次，也有很好的防治效果。

草莓黄萎病

【症　状】 主要危害叶片。初侵染的叶片和叶柄上产生黑褐色长条形病斑，叶片失去光泽，从叶缘和叶脉间开始变成黄褐色，萎蔫，干燥时叶片枯死。新叶感病后，变成灰绿色或淡褐色，下垂。受害植株的叶柄、果梗和根茎横切面上可见维管束部分或全部变褐。病害严重时可导致植株死亡，其地上部分变黑、腐烂(图8-7)。

图8-7　草莓黄萎病

【防治方法】 及时清理园地，避免使用带病地块育苗，避免连作，不与茄子、番茄、黄瓜等作物轮作，定植前进行土壤消毒，起垄覆膜栽培，以降低土壤湿度。生产苗定植前用20%甲基托布津300～500倍液浸根5分钟以上。苗期用70%代森锰锌500倍液喷洒基部，隔15天1次，连续防治5～6次。

草莓炭疽病

【症　状】　主要危害叶片、叶柄和匍匐茎，可导致局部病斑和全株萎蔫枯死。最明显的症状是在匍匐茎和叶柄上产生溃疡状、稍凹陷的病斑，长3～7毫米，黑色，纺锤形或椭圆形。浆果受害后，产生近圆形病斑，浅褐色至褐色，软腐状并凹陷，后期也可长出肉红色黏质孢子团(图8-8)。草莓促成栽培的炭疽病发病规律见图8-9。

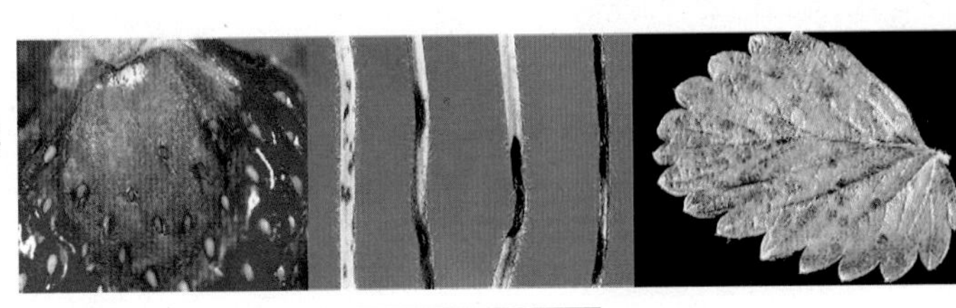

图8-8　草莓炭疽病

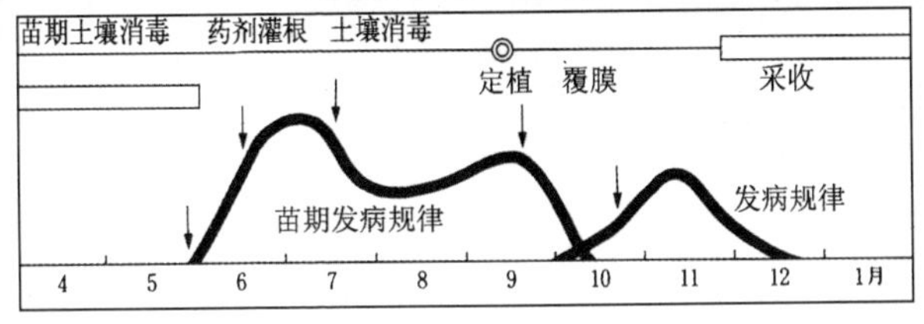

图8-9　草莓促成栽培的炭疽病发病规律（↓指示药剂防治时间）

【防治方法】　苗圃地要避免连作，注意及时清除带病植物残体并销毁。夏季采用避雨育苗也可减轻炭疽病的发生。选用抗病品种。发病后用40%福星乳油8 000倍液，或25%味鲜安乳油1 000～1 500倍液，或使百克800～1 000倍液喷雾防治，10天喷1次，连喷2～3次。

草莓革腐病

【症　状】　主要危害根、花和果。根部首先发病，根由外向里变黑，革腐状。发病早期地上症状不明显，中期植株生长较差。在开花结果期，如果空气和土壤干旱，则植株地上部分失水萎蔫，果小、无光泽、味淡，严重时植株死亡。青果染病后出现淡褐色水烫状斑，并迅速蔓及全果，果实变为黑褐色，后干枯、硬化，似皮革。成熟果发病时，病部稍褪色失去光泽，白腐软化，发出臭味(图 8-10)。

图8-10　草莓革腐病

【防治方法】　避免连作，不在地势低、湿度大的地块栽培，及时彻底清除病果，定植前进行土壤消毒。发病初期用72%克露600倍液，或73.2%普力克600倍液，或64%杀菌矾500倍液等进行灌根。地上部用58%甲霜・锰锌可湿性粉剂600倍液，或50%代森锰锌可湿性粉剂600倍液，或75%百菌清可湿性粉剂600倍液喷雾防治。

草莓红中柱根腐病

【症　状】　主要危害根部。开始发病时，在幼根根尖腐烂，至根上有裂口时，中柱出现红色腐烂，并且可扩展至根颈，病株容易被拔起。该病可以分为急性萎蔫型和慢性萎缩型2种类型，急性萎蔫型多在春、夏季发生，从定植后到早春植株生长期间，植株外观上没有异常表现，在3月中旬至5月初，特别是久雨初晴后，植株突然凋萎，青枯状死亡。慢性萎缩型主要在定植后至初冬期间发生，老叶边缘甚至整个叶片变红色或紫褐色，继而叶片枯死，植株萎缩而逐渐枯萎死亡(图8-11)。

图8-11　草莓红中柱根腐病

【防治方法】　避免连作，不在地势低、湿度大的地块栽培，选用抗病品种，不从重病区引种，发现个别病株要立即带土烧毁，防止灌水和农机具传播病害，增施有机肥壮苗抗病，进行土壤消毒。定植前用50%锰锌·乙铝可湿性粉剂600倍液浸苗，定植后用50%锰锌·乙铝可湿性粉剂600倍液喷雾防治，或用58%甲霜·锰锌600倍液灌根防治。

草莓腐霉病

【症　状】　主要危害根和果实，果梗和叶柄也可受害。根部染病后变黑腐烂，导致地上部萎蔫，甚至死亡。贴地果和近地面果容易发病，病部呈水浸状，熟果病部开始为浅褐色，后变为微紫色，果实软腐并略具弹性，果面长满浓密的白色菌丝(图8-12)。

【防治方法】　避免连作及在地势低、湿度大的地块栽植，起垄覆膜栽培，定植前进行土壤消毒，及时清理病叶、病果，注意通风换气，降低湿度。发病初期用1.5%菌线威可湿性粉剂3500～7000倍液，或72.2%霜霉威盐酸盐600～800倍液灌根，15天1次，连续2～3次。

图8-12　草莓腐霉病

草莓枯萎病

【症　状】　主要危害根部。初期症状为心叶变黄绿色或黄色，卷曲，狭小，失去光泽，植株生长衰弱。植株下部老叶片呈紫红色萎蔫，后枯黄，最后全株枯死。根系变黑褐色，叶柄和果梗的维管束也变为褐色至黑褐色。受害轻的病株结果减少，果实不能正常膨大，品质变劣(图8-13)。草莓促成栽培的枯萎病发病规律见图8-14。

图8-13　草莓枯萎病

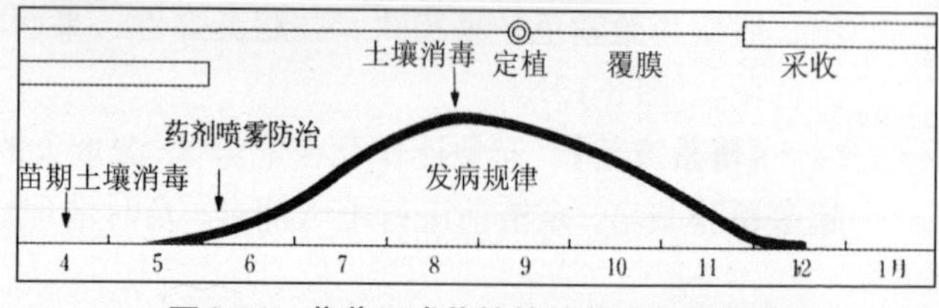

图8-14　草莓促成栽培的枯萎病发病规律

【防治方法】 避免多年连作，选无病地育苗，不从发病地引苗，发现病株及时拔除并烧毁，选用抗病品种。6月中旬开始用50%多菌灵可湿性粉剂600～700倍液，或50%代森锰锌可湿性粉剂500倍液喷淋茎基部。定植前土壤消毒，并用50%甲基托布津可湿性粉剂1000倍液浸苗5分钟，待药液晾干后栽植。发病初期用金吉尔灭萎400～600倍液灌根。

草莓疫病

【症　状】 主要危害根部。病菌导致草莓根冠部或根基部变褐，发病后期植株地上部分萎蔫，最后干枯。切断病变根部，可见从外向里逐渐变褐。叶片受害，初期发生纺锤形或圆形黑褐色病斑，稍凹陷，发病快时，出现暗褐色不定形病斑(图8-15)。草莓促成栽培的疫病发病规律见图8-16。

图8-15　草莓疫病

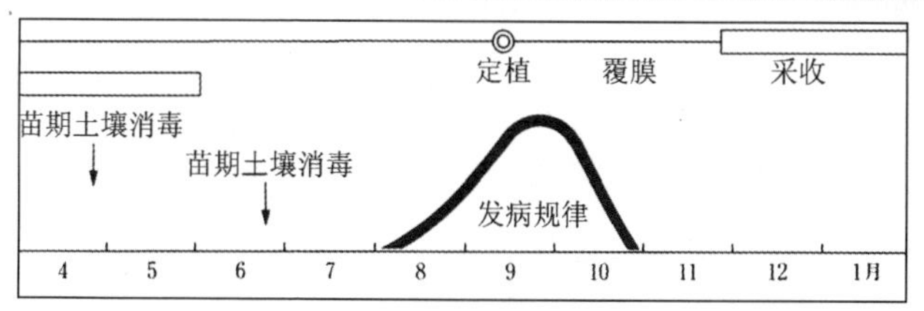

图8-16　草莓促成栽培的疫病发病规律

【防治方法】 避免连作及在地势低、湿度大的地块栽培，起垄覆膜栽培，通过通风换气来降低温度、湿度，不可灌水过多，定植前进行土壤消毒。定植后用疫霜灵400～600倍液加50%代森锰锌600倍液喷雾预防，7～10天1次。发病初期用甲霜灵400～600倍液加50%代森锰锌600倍液灌根。

草莓芽枯病

【症　状】 主要危害花蕾、芽和新叶，成熟叶片、果梗等也可感病。感病后的花蕾、芽和新叶逐渐枯萎，呈灰褐色；叶正面颜色深于叶背，脆且易碎；最终整个植株呈猝倒状或变褐枯死(图8-17)。

图8-17　草莓芽枯病

【防治方法】 加强栽培管理，避免栽植过深、过密；注意通风换气，特别是保护地栽培，须防止湿度过大和灌水过多；合理搭配施肥，壮苗抗病，不可偏施氮肥；避免使用发病地育苗，受害严重植株要与土壤一同挖出烧毁。棚室中防治，主要采用百菌清烟剂熏蒸的方法，每667米^{2}用药110～180克，分放5～6处，傍晚点燃，密闭棚室，过夜熏蒸，7天熏1次，连熏2～3次。预防要从现蕾开始，用10%多抗霉素可湿性粉剂500～1000倍液喷雾，7～10天1次。

草莓褐色轮斑病

【症　状】　主要危害叶片，果梗、叶柄、匍匐茎、果实也受害。受害叶片最初出现红褐色小点，逐渐扩大呈圆形或近椭圆形斑块，中央为褐色圆斑，圆斑外为紫褐色，后期病斑上形成褐色小点（为病菌的分生孢子器）。几个病斑融合在一起时，可导致叶组织大片枯死(图8-18)。草莓促成栽培的褐色轮斑病发病规律见图 8-19。

图 8-18　草莓褐色轮斑病

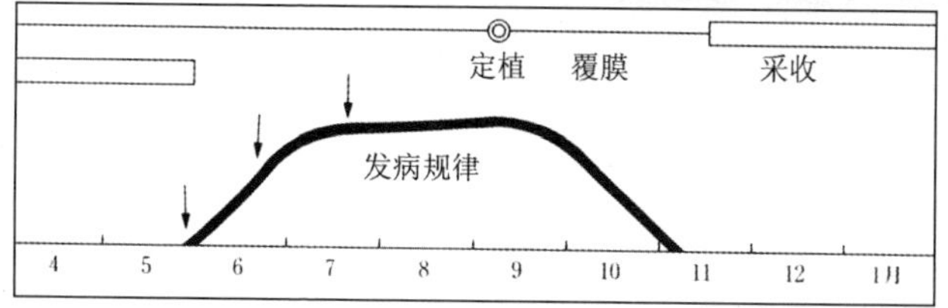

图8-19　草莓促成栽培的褐色轮斑病发病规律（↓指示药剂防治时间）

【防治方法】　春季和秋季彻底清除老叶、病叶，打扫园地；温室内要特别注意通风换气，降低温、湿度；起垄覆膜栽培，使用滴灌。定植前，用50%甲基托布津可湿性粉剂1 000倍液浸苗 5 分钟，待药液晾干后栽植。田间发病初期，用 2%农抗 120 水剂 200 倍液，或 50% 甲基托布津可湿性粉剂 800～1 000倍液，或40%多硫悬浮剂500倍液喷雾防治，连喷2～3次。

草莓V型褐斑病

【症　状】 主要危害叶片，也危害花和果实。在幼叶上病斑常从叶顶部开始，沿中央主叶脉向叶片作“V”字形或“U”字形发展，形成V型病斑，病斑褐色，边缘浓褐色；在老叶上最初为紫褐色小斑，逐渐扩大形成褐色不规则形状病斑。花和果实受侵染后，花萼和花梗变褐死亡，浆果引起干性褐腐(图8-20)。

图8-20　草莓V型褐斑病

【防治方法】 选用抗病品种；及时清理田园，烧毁被害叶片和重病植株；起垄覆膜栽培，不可栽植过密，注意通风透光，降低湿度；温室内刚加温阶段不可过量灌水。一般在现蕾开花期进行药剂防治，可选用多菌灵、代森锰锌、甲基托布津等。

草莓蛇眼病

【症　状】 主要危害叶片，叶上病斑初期为暗紫红色小斑点，随后扩大成2～5毫米大小的圆形病斑，边缘紫红色，中心部灰白色，略有细轮纹，酷似蛇眼。病斑发生多时，常融合成大型斑(图8-21)。

图8-21　草莓蛇眼病

【防治方法】　春、秋季及时清理田园，烧毁病株、病叶；选用抗病品种；植株萌发前地表喷施杀菌剂。发病初期喷施50%琥胶肥酸铜（DT）可湿性粉剂500倍液，或14%络氨铜水剂300倍液，或77%可杀得可湿性粉剂500倍液等，10天1次，共2～3次，采收前3天停止用药。

草莓细菌性叶斑病

【症　状】　病斑照光呈透明状，但从反射光看时呈深绿色。病斑逐渐扩大后融合成一片，渐变淡红褐色而干枯；湿度大时叶背可见溢有菌脓，干燥条件下成一薄膜，病斑常在叶尖或叶缘处，叶发病后常干缩破碎。严重时使植株生长点变黑枯死(图8-22)。草莓促成栽培的细菌性叶斑病发病规律见图8-23。

图8-22　草莓细菌性叶斑病

土壤消毒　定植　覆膜　采收
苗期土壤消毒
苗期发病规律　发病规律
4　5　6　7　8　9　10　11　12　1月

图8-23　草莓促成栽培的细菌性叶斑病发病规律（↓指示药剂防治时间）

【防治方法】 不从发病地区引种，不在发病地块育苗，避免在地势低、排水不良的地块栽培，起垄覆膜栽培，注意通风换气。定植前每公顷用50%福美双可湿性粉剂或40%拌种灵粉剂11.25千克，对水150升，拌入150千克细土后穴施处理土壤进行消毒。发病初期开始喷洒2%农抗120水剂200倍液，或72%农用硫酸链霉素可湿性粉剂3000～4000倍液，或30%碱式硫酸铜悬浮剂500倍液，隔7～10天1次，连续防治3～4次。采收前3天停止用药。

草莓线虫病

【症　状】 线虫对草莓的危害通常仅仅表现为植株生长的衰弱，不易被察觉，但是线虫危害严重时，可以导致匍匐茎繁殖能力明显下降，产量明显降低。同时，线虫为害可导致草莓植株的抵抗力降低，容易受真菌、细菌等病原菌的侵染，部分线虫还能够传播病毒。侵害草莓的线虫主要有草莓芽线虫、水稻干尖线虫、北方根结线虫和根腐线虫。在我国，目前草莓芽线虫的危害最为严重。草莓芽线虫病病原以草莓芽线虫为主。草莓芽线虫长0.6～0.9毫米，在显微镜下呈蛔虫状。当草莓植株上芽线虫数量较少时，心叶扭曲，叶色光泽浓绿；当草莓植株上芽线虫数量多时，危害加重，症状明显，芽和叶柄变成黄色或红色，植株腋芽数量增多，植株矮缩(图8-24)。

图8-24　草莓芽线虫病

【防治方法】 草莓线虫病的农业防治措施主要如下：①选择无病区育苗并严格实施检疫；②在育苗过程中，发现有受害苗应及早拔除烧毁；③发病地块不宜连作，要深耕换茬，最好是进行水旱轮作或与非线虫寄主作物换茬；④在栽培过程中，要注意清洁田园，将发病植株带土集中烧毁；⑤注意清除线虫的田间野生寄主，如三叶草、狗尾草、黑麦草、风车草、蕨类、苜蓿等；⑥选择抗线虫品种。定植前进行土壤消毒是防治草莓线虫病的有效方法。此外，将生产苗先在35℃水里预热10分钟，然后放在45℃～46℃热水中浸10分钟，冷却后栽植，也有很好的防治效果。化学药剂多采用50%棉隆可湿性粉剂（1～1.5千克/667米^2）或线虫必克（200～300克/667米^2）与细土或沙拌成毒土，栽前15天撒入定植穴中；地上部花芽分化期用90%敌百虫乳剂400～500倍液喷淋，每隔7天喷1次，连续2～3次。

草莓生理病

草莓的生理病害和缺素症有多种，在这里主要介绍一下草莓缺钙症。

草莓缺钙症最典型的特征是叶焦枯，具体表现为叶片皱缩，叶片顶端变成黑色并不能充分展开、干枯，顶端干枯部位与内部有淡绿色或淡黄色的界限(图8-25)。缺钙症多在现蕾期发生。

图8-25 草莓缺钙症

土壤干燥以及稻田改种草莓容易发生缺钙现象。定植前土施石膏525～1 050千克/公顷可有效防治缺钙，叶面喷施0.3%氯化钙溶液可减轻缺钙症状。

二、草莓虫害及防治

螨　类

【为害特点】　为害草莓的螨类主要有二斑叶螨、朱砂叶螨和侧多食跗线螨等。朱砂叶螨（图8-26）是世界性分布的害虫，刺吸草莓叶片汁液，造成叶片苍白、生长萎缩，严重时可导致叶片枯焦脱落。草莓促成栽培的螨类为害规律见图8-27。

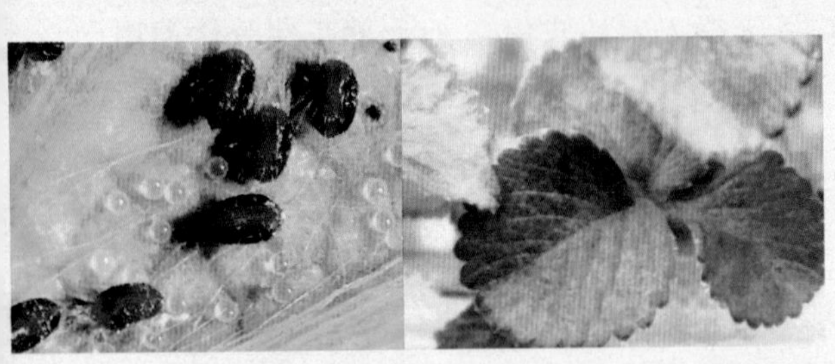

图8-26　朱砂叶螨为害草莓叶片

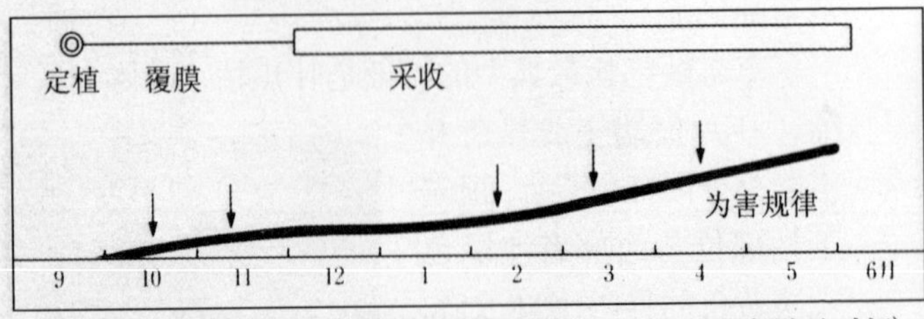

图8-27　草莓促成栽培的螨类为害规律　（↓指示药剂防治时间）

【防治方法】　叶螨通过匍匐茎苗带入苗床和草莓地的，越冬期寄生在下部老叶上，所以摘除老叶、病叶非常重要；

注意清除草莓地附近有叶螨寄生的植物；放养天敌如长须螨来捕杀害螨是最有前途的防治方法；加强虫情调查，减少用药次数，保护天敌，尽量少用或不用对天敌杀伤力强、残效期长的农药；勤观察，早发现，确保早期彻底防治；交替使用杀螨剂，防止产生抗药性。为害初期用20%双甲脒乳油1000～1500倍液，或1%甲胺基阿维菌素苯甲酸盐乳油2000～3000倍液喷雾防治，10天左右1次，连续防治2～3次。一般采果前2周停止用药。

蚜　虫

【为害特点】　为害草莓的蚜虫主要有桃蚜、棉蚜(瓜蚜)和草莓根蚜等。蚜虫不仅吸食草莓的汁液，而且可以传播病毒(图8-28)。草莓促成栽培的蚜虫为害规律见图8-29。

图8-28　蚜虫为害草莓叶片

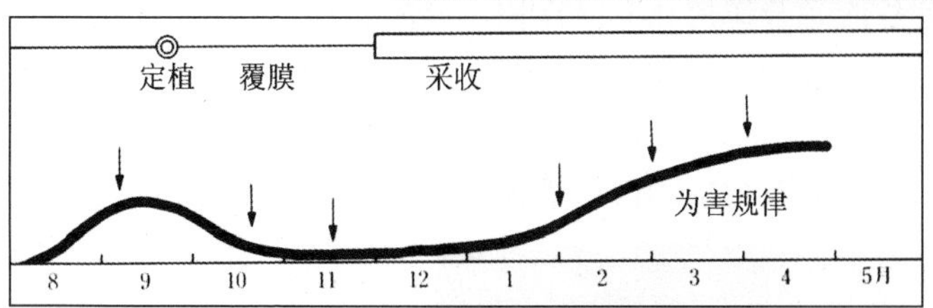

图8-29　草莓促成栽培的蚜虫为害规律　(↓指示药剂防治时间)

【防治方法】　及时摘除老叶，清理园地，消灭杂草；提倡采用诱杀、阻隔及驱避等物理防治，如在棚室放风口处安装防止蚜虫进入的防虫网，挂银灰色地膜条。另外，也可以采用黄板诱杀法控制棚室内蚜虫的数量，具体操作方法如下：首先在100厘米×20厘米的纸板上涂黄漆，干了以后在黄漆上涂一层机油，每667米^{2}挂这样的黄板30～40块，挂在行间。当板上粘满蚜虫后，再涂一层机油。日常管理时发现蚜虫后将棚温提高至25℃以上，适当多浇水也可减轻危害。危害初期药剂防治选用22%敌敌畏烟剂500克/667米^2，分放6～8处，傍晚点燃，密闭棚室，过夜熏蒸。喷雾防治使用1%苦参碱醇溶液800～1000倍液，或50%抗蚜威可湿性粉剂2000倍液，或3%啶虫脒乳油2000～2500倍液，每7天1次，连续3次。一般采果前2周停止用药。

白粉虱

【为害特点】 主要有3种白粉虱为害草莓，分别是温室白粉虱、鸢尾白粉虱和草莓白粉虱，其中温室白粉虱的危害最为严重。白粉虱群集在叶片上，吸食汁液，使叶片的生长受阻，影响植株的正常生长发育。此外，白粉虱分泌大量蜜露，导致烟霉菌在植株上大量生长，引发煤污病的发生，严重影响叶片的光合作用和呼吸作用，造成叶片萎蔫、甚至植株死亡(图8-30)。白粉虱成虫体长1～1.5毫米，具有2对翅膀，上面覆盖白色蜡粉。卵为长椭圆形，约0.2毫米，粘附于叶背。草莓促成栽培的白粉虱为害规律见图8-31。

图8-30　白粉虱为害草莓叶片

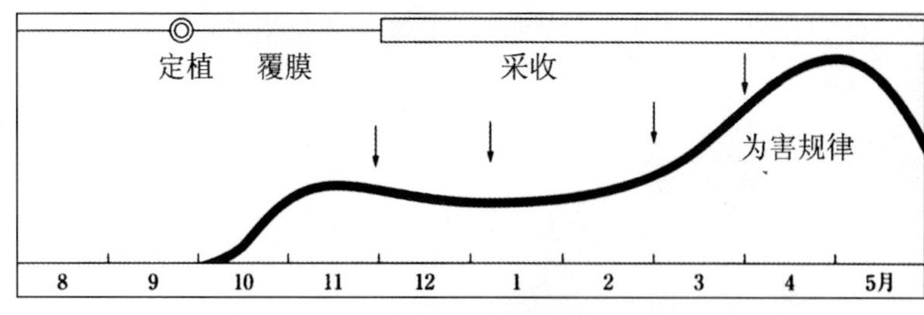

图 8-31　草莓促成栽培的白粉虱为害规律　（↓指示药剂防治时间）

【防治方法】　及时清除老叶、病叶及杂草。在棚室内设置黄板诱杀成虫，方法同蚜虫防治。或采用黄盆诱杀法，具体操作方法：用黄盆盛清水，内放一定量的洗衣粉，放在棚室内植株行间，高度略低于生长点，诱杀成虫，注意定期清除表面漂浮的成虫或换水。与芹菜、油菜、韭菜、菠菜等白粉虱不喜食的蔬菜倒茬可减少虫卵数量。发病初期可进行敌敌畏烟剂熏蒸，方法同蚜虫防治。喷雾防治选用25% 扑虱灵或优乐得可湿性粉剂 2500 倍液，或 2.5% 功夫乳油 3000～4000 倍液，每 7 天 1 次，连续 3 次。一般采收前 2 周停止用药。

叶　甲

【为害特点】　叶甲为害草莓的嫩心、叶、花蕾和幼果，对产量和繁苗具有明显影响。叶甲的成虫和幼虫在草莓嫩叶上吃出洞孔，在老叶背面剥食叶肉，在花瓣上吃出洞孔或缺刻，在果面剥食表皮，从而呈现条形或不规则形图案，并产生畸形果。在我国为害草莓的叶甲主要有褐背小萤叶甲和草莓蓝跳甲。褐背小萤叶甲的成虫体长 3.8～5.5 毫米，宽 2～2.4 毫米，全身被毛。头、前胸和鞘翅灰黄褐色至红色。草莓蓝跳甲的成虫为长卵圆形，长 3.3～3.8 毫米，宽 1.7～2 毫米，蓝黑色有强烈金属光泽，初羽化时为金橙色(图 8−32)。

图 8-32　叶甲为害草莓

【防治方法】　很多叶甲具假死性，温室内发病初期虫量较少时可人工振落捕杀。药剂防治用80%敌敌畏乳油1 000～1 400倍液，或40%乐果1 200～1 500倍液喷雾防治。采收前2周停止用药。

地下害虫

【为害特点】　为害草莓植株的地下害虫主要有蛴螬(图8-33)、蝼蛄（主要有华北蝼蛄、东方蝼蛄）、地老虎（小地老虎、黄地老虎）。地下害虫咬食草莓的根和新茎，有时也咬食叶片、花蕾和贴近地面的果实，造成植株凋萎死亡。

图 8-33　蛴　螬

【防治方法】　深翻土壤，人工捕杀；避免施用未腐熟的厩肥。药剂防治用敌百虫或辛硫磷灌根或浇灌防治，用量为：80%敌百虫可湿性粉剂200～250克/667米^{2}或40%辛硫磷乳油200～300克/667米^2，对水500～750升。

参考文献

1　陈贵林等．大棚日光温室草莓栽培技术．北京:金盾出版社,2001

2　伏原肇．イチゴの作業便利帳—良品多収・省力のポイント180. 日本:農山漁村文化協会,1993

3　郝保春．草莓生产技术大全．北京:中国农业出版社,2000

4　郝宝春主编．草莓病虫害防治彩色图说．北京:中国农业出版社,1999

5　河北农业大学．果树栽培学各论(第3版). 北京:中国农业出版社,2003

6　静岡県植物防疫協会．農作物病害虫診断ガイドブック(増補版). 日本:星光社印刷株式会社,2001

7　今瀬信男. 実際家のイチゴ栽培—無電照でもクトン. 日本:農山漁村文化協会,1983

8　罗云波等．园艺产品贮藏加工学(贮藏篇). 北京:中国农业大学出版社,2001

9　马鸿翔,段辛楣主编．南方草莓高效益栽培．北京:中国农业出版社,2001

10　農耕と園芸編集部．イチゴ品種と新技術．日本:誠文堂新光社,1998

11　农业部农药检定所．农药合理使用准则实用手册．北京:中国标准出版社,2002

12　农业部农药检定所主编．农药登记公告汇编

(2002). 北京：中国农业大学出版社,2002

13 施山紀男．作って見たいイチゴ売れ筋品種．日本：全国農業改良普及協会,2001

14 屠予钦．农药科学使用指南(第二次修订版)．北京：金盾出版社,2000

15 吴禄平,张志宏,高秀岩等．草莓无公害生产技术．北京：中国农业出版社,2003

16 张福墁主编．设施园艺学．北京：中国农业大学出版社,2001

17 张志宏,吴禄平,高秀岩等．中华人民共和国农业行业标准 NY/T 5105—2002《无公害食品 草莓生产技术规程》．北京：中国标准出版社,2002